Nationalparks der Welt

Guiseppe Grazzini

Nationalparks der Welt

Alle Naturparadiese unserer Erde

Bechtermünz Verlag

Genehmigte Lizenzausgabe
für Bechtermünz Verlag
im Weltbild Verlag GmbH, Augsburg 1996

Umschlaggestaltung: Eisele & Bulach und Cynar Gestaltung, Augsburg
Umschlagmotiv: Brice Canyon, Utah, USA
Übertragung ins Deutsche: Helga Zurhausen-Bamberg
Fotosatz, Lektur und Korrektur: Produktionsbüro Rainer Rink, Königsbrunn
Gesamtherstellung: Fenice 2000 S.r.l., Mailand
Printed in Italy
ISBN 3-86047-305-0

INHALT

Nationalparks in Asien

Nationalparks in Ozeanien

Auf den Landkarten zeigt das schwarze Dreieck die Lage des Parks und der schwarze Kreis die der Städte an.

Wunder der Schöpfung und ökologischer Auftrag: Hundert Jahre Nationalpark

Jim Bridger war ein Trapper, ein verschrobener Einzelgänger. Nur so erklärt sich seine Entscheidung, das Leben mit der Jagd auf Hirsche, Elche und Bären zu verbringen, im Gebiet zwischen Wyoming und Montana, wohin noch kein Weißer je seinen Fuß gesetzt hatte und das man wochenlang durchreiten konnte, ohne auch nur auf Indianer zu treffen. Dies begab sich bereits vor 1850, zur Zeit des Präsidenten John Tyler, dem James Knox Polk und dann Zachary Taylor aus Virginia folgten. Wie jeder Trapper blieb Jim Bridger so lange im Hochland, wie seine Munition reichte; dann stieg er zu irgendeinem Grenzdorf hinab, um seine Vorräte aufzufüllen, Blei und Schießpulver, Salz, Kaffee, Bohnen und Tabak. Die Rechnung bezahlte er mit den erbeuteten Tierfellen, und es blieben ihm auch noch genug Dollars für ein paar Flaschen Whisky und eine anständige Nacht im Saloon. Bei solchen Gelegenheiten erzählte Jim Bridger seine Geschichten über endlose Prärien, die umgeben sind von eisbedeckten Bergen, aber durchzogen von kochendheißen Flüssen; er erzählte, daß die Erde zuweilen bebt und dabei Dampfsäulen von hundert, ja sogar zweihundert Fuß ausstößt, die beim Niederstürzen Seen von kochendem Wasser bilden. Und auch über riesige versteinerte Wälder berichtete er, und über ungeheuerliche, ebenfalls versteinerte Vögel im Geäst dieser Bäume.

Er schwor, daß die Vögel einmal zu singen begonnen hätten, worauf der Himmel sich verfinsterte und ein Hagel von Steinen herabfiel, der kleinste noch kindskopfgroß. Die Leute hörten ihm gern zu, auch weil sie nichts anderes zu tun hatten, aber wenn er wieder weg war, meinten alle, daß der alte Jim verrückt sei. Niemand hatte zudem einen Anlaß, die Ufer des Yellowstone aufzusuchen, um nachzusehen, ob es alle diese unglaublichen Wunder wirklich gab, um so mehr als Ereignisse von weit größerer Bedeutung heranreiften.

Die stürmische Entwicklung der jungen amerikanischen Nation löst heftige politische und soziale Spannungen aus. Im Jahre 1860, als die legendären Reiter des Pony-Express zum ersten Mal die Post vom Atlantik bis zum Pazifik befördern, wird Neuengland durch den Streik von zwanzigtausend Arbeitern gelähmt. Kaum ein Jahr später, am 12. April 1861, greift ein Regiment der Südstaaten-Konföderation Fort Sumter im Süden von Carolina an; der Bürgerkrieg beginnt.

So denkt niemand mehr an die Geschichten des alten Jim, bis schließlich, 1869, David Folsom, Charles Cook und William Peterson aus Diamond City sich auf eine zweiwöchige Forschungsreise in das Becken des Yellowstone wagen. Nach ihrer Rückkehr berichten sie darüber in einer begeisterten Reportage, die in Fortsetzungen vom *Western Monthly* veröffentlicht wird. Anscheinend bemerken die Amerikaner erst jetzt - wir befinden uns im Frühjahr 1870 -, daß sie Amerika noch nicht ganz entdeckt haben. Die Zeitungen werden von ihren Lesern mit Nachfragen bestürmt, man will mehr darüber wissen. In der Hoffnung auf neuen Ruhm und schnellere Beförderungen übt der Generalstab Druck auf das Weiße Haus aus; und gemeinsam mit dem Militär sind auch Kaufleute, Abenteurer und Missionare in Aufbruchstimmung. Von Helena, der Hauptstadt Montanas, bricht im August eine Expedition auf: «Zwanzig Gentlemen samt Trägern, Köchen und vierzig Pferden und Maultieren, Lebensmitteln für dreißig Tage und einem Hund namens Bobby». Die Berichte fügen hinzu, daß die Gentlemen unter Führung von Henry D. Washburn und Nathaniel P. Langford «bis zu dem noch unerforschten Gebiet des Yellowstone vordringen werden, unter dem Geleit einer abkommandierten Reiterabteilung, da die Karawane von Indianern angegriffen werden könnte». Man weiß nicht genau, von welchem Stamm; manche sprechen von den Crow, andere von

ALASKA
Denali
Anchorage
Honolulu
Hilo
Volcanoes
Juneau
Jasper
Banff
Calgary
Vancouver
Olympic
North Cascades
Seattle
Peace
Olympia
KANADA
Winnipeg
Québec
Montréal
Ottawa
Boston
New York
Boise
Yellowstone
Cheyenne
Chicago
Washington
Sacramento
Salt Lake City
San Francisco
Yosemite
Bryce Canyon
Sequoia
USA
Las Vegas
Grand Caynon
Los Angeles
Phoenix
Tallahassee
Baton Rouge
Miami
Everglades

den Schwarzfuß-Indianern. Es könnte jedoch auch sein, daß es dort überhaupt keine lebende Seele gibt, nicht einmal Indianer. Folsom hat dazu übrigens nichts geäußert. Verläßliche geographische Karten gibt es nicht: Das Becken des Yellowstone ist noch gänzlich unerforscht. Nach neun Tagen Fußmarsch dringt die Expedition bis zum Herzen des Territoriums vor. «Keiner von uns», so wird Washburn später schreiben, «hatte jemals ähnliches gesehen oder sich auch nur vorgestellt; eine Ansammlung von Wundern der Schöpfung, so herrlich, daß uns allein die Tatsache, als erste Menschen der ganzen Welt davon Kunde geben zu können, tief überwältigte». Der alte Jim war weder verrückt noch betrunken gewesen. Die hohen, eisbedeckten Gebirge existieren wirklich, und es sind Vulkane. Es gibt auch die Geysire; Washburn zählt sie und kommt auf über siebzig, tatsächlich gibt es noch weitere hundertdreißig: Zwei von ihnen, die man später auf die Namen *Old Faithful* und *Castle* tauft, stoßen ihren Wasserstrahl auf über hundert Fuß in die Höhe, während inmitten von Millionen Stalaktiten Tausende von natürlichen Quellen ein unglaubliches, in Stufen absteigendes System von Becken aus Travertingestein mit ihrem kochenden Wasser füllen.

Aber aus diesem Hauptthema entwickelt die Sinfonie des Yellowstone ungezählte andere. Das Wasser erscheint - außer im Schauspiel der Geysire - als Bächlein, Sturzbach, Fluß, und es sucht sich im Gebirge Abgründe und Schluchten, in denen es glücklich befreit in wundervollen Kaskaden herabstürzt, bis es im stillen Zauber von Seen und Sümpfen zur Ruhe kommt. Die Erde zeigt eine phantastische Musterschau aller Farben und Formen, die sich im Wechsel der Jahreszeiten wiederholen, vom blendenden Weiß des winterlichen Schnees, zum frühlingshaften zarten Grün, dem Goldton des Sommers und dem herbstlichen Purpur. Prähistorie und geschichtliche Zeit erscheinen gleichzeitig, nicht als stetige Aufeinanderfolge. Die weit zurückliegenden, im Death Valley noch vornehmlich ins Auge fallenden Verwerfungen der Vorzeit haben dennoch tiefe Spuren hinterlassen: Wenn die zwanzig Gentlemen aus Helena die ungeheuerlichen Vögel, mit denen der alte Jim seine Zuhörer bezaubern wollte, auch nicht zu sehen bekommen, so erheben sich doch die toten und dennoch ewig lebenden versteinerten Wälder wahrhaftig vor ihren Augen. Washburns Bericht, der exklusiv in *Scribner's Monthly* erscheint, rüttelt im folgenden Jahrzehnt Amerika auf, auch wenn einige Konkurrenzzeitschriften aus Ärger über ihren mangelnden Erfolg die Sensationsmeldung abstreiten: Washburn habe «seine Phantasie spielen lassen», um auf diese Weise die Popularität wieder zu erringen, die ihn als Deputierten von Montana ins Abgeordnetenhaus gebracht hatte; denn die darauffolgenden Wahlen hatte er verloren.

Durch die einflußreiche *New York Times* wird die Polemik schließlich beendet. «Es ist absolut lächerlich», schreibt die Zeitung, «daß man immer noch über das Territorium des Yellowstone diskutiert, als handele es sich um das mythische, unauffindbare Atlantis. Dieses Gebiet befindet sich in den Vereinigten Staaten von Amerika, und es geht nicht darum, ein Geheimnis zu entdecken, sondern um das Problem, eine Auswahl unter all den Wissenschaftlern, Militärs, Photographen, Kartographen und Forschern zu treffen, die sich - um in die Geschichte unseres Landes einzugehen - das Privileg der Teilnahme an einer offiziellen, durch die Regierung geförderten Expedition streitig machen werden».

Die Zeitung fügt ein Lob für Washburn an, «eine glaubwürdige Persönlichkeit, Inhaber bedeutender Regierungsämter im Staat Montana, den er in Washington würdig vertreten hat». Die Expedition der zwanzig Gentlemen aus Helena hat jedenfalls bereits das Verdienst gehabt, die Amerikaner an ihre Pflicht und Aufgabe einer besseren Kenntnis ihres eigenen großen Landes zu erinnern.

«Es ist im übrigen keineswegs unmöglich», so bemerkt sie im Zusammenhang mit den versteinerten Wäldern, über die einige Skeptiker immer noch spotten, «daß Holz fossilisiert. Auch im Jahre 1853, als Franklin Pierce Präsident war, drang ein Spähtrupp in ein Tal in Arizona vor und traf dort auf riesige Holzstämme. Form und Farbe der Borke ließen keinen Zweifel daran, daß es sich um Holz handelte, aber als die Soldaten versuchten es zu spalten, um Feuer zu machen, gelang es ihnen nicht, auch nur einen Splitter abzuhacken. In seinem Bericht vermerkte der Kommandant der Patrouille, daß diese Stämme aus Stein zu sein schienen und daß die Bearbeitung kein Ergebnis erbrachte: Tatsächlich waren sie zu Stein geworden, fossile Überreste einer Bewaldung, die sich vor vielleicht zweihundert Millionen Jahren über die Hochebene von Arizona erstreckte». In Washington trifft der Vorschlag der *New York Times* ohne große Schwierigkeiten auf Zustimmung. Es ist Anfang November 1871. Der Bürgerkrieg ist seit sechs Jahren zu Ende, aber die Amerikaner im Süden haben die Bürgerrechte noch nicht wiedererlangt; selbst die Weißen nicht, während es den Schwarzen, die von den Todesschwadronen des Ku-Klux-Klan gehetzt, ausgeraubt und ermordet werden, noch schlechter ergeht als zuvor. Auf dem Schlachtfeld besiegt, scheint der Rassismus nachgerade im Wiederaufstieg: Wenn die Schwarzen in Kentucky das Eingreifen des Heeres fordern, um den Überfällen und Lynchmorden Einhalt zu gebieten, so werden auch die Chinesen in Los Angeles Opfer ebenso grausamer Gewalttaten; jede Nacht wird in ihren Geschäften und Häusern Feuer gelegt, wobei schon Hunderte von Männern und Frauen, Alten und Kindern umgekommen sind.

Und auch den Italienern und Spaniern in New York ergeht es nicht viel besser. Nicht genug damit, bricht am Abend des 8. Oktober der Brand von Chicago aus. Dem Anschein nach war eine Petroleumlampe in Frau O'Learys Heuschober umgestürzt, während sie dabei war, die Kuh zu melken. An jenem Samstagabend zählte Chicago sicherlich dreihunderttausend Einwohner; am Montagmorgen darauf hatten über hunderttausend von ihnen keine Arbeit mehr und kein Haus. «Die gerechte Strafe Gottes», tönten die Methodistenprediger von der Kanzel. Präsident Ulysses Simpson Grant indessen bekam so auch noch die nationale Katastrophe auf den Tisch, was zusätzliche Scherereien und Polemiken bedeutete und vor allem weitere Dollars, die aus dem Haushalt fließen mußten.

Eine Expedition in das Gebiet des Yellowstone kostet dagegen nichts oder fast nichts. So gelangt der Kongreß wenigstens einmal zur Einstimmigkeit, was für sein Erscheinungsbild eindeutig von Vorteil ist. Die öffentliche Meinung läßt sich ablenken. Grant ist ein Soldat und praktisch veranlagt: Die Expedition wird durchgeführt und zwar sofort.

So ist die Karawane in nur zwei Wochen zum Aufbruch bereit. Ihre Sicherheit obliegt einer abkommandierten Abteilung der Kavallerie, unterstützt durch einen Trupp des Pionierkorps. Die Zuverlässigkeit gründet auf der Reputation eines Geologen von Weltruf, der als Leiter der wissenschaftlichen Equipe bestellt ist, Ferdinand Vandeveer Hayden. Hayden ist 42 Jahre alt; mit knapp fünfunddreißig hat er den Lehrstuhl für Geologie an der Universität von Pennsylvania erhalten. Er ist Mitglied einiger der berühmtesten Akademien in Europa.

Seine Reisen in verschiedene unerforschte Gebiete des Westens, Colorado, Utah und Idaho, haben dem zivilisatorischen Fortschritt der gesamten Nation den Weg bereitet. Niemand wird daher sein Wort in Zweifel ziehen können: Doch in Anbetracht der Polemiken, denen nur die objektive Wahrheit ein Ende bereiten kann, möchte gerade Hayden vorsichtshalber zwei Spezialisten für die Bilddokumentation im Gefolge der Expedition dabei haben. Einer von ihnen ist der berühmte Photograph William Jackson, der andere ist Thomas Moran, Maler und Graveur jener Schule, die sich in den großen europäischen und amerikanischen Verlagshäusern herausgebildet hatte, als die Photographie - und vor allem ihre Druckwiedergabe - noch nicht die ersten Schritte gemacht hatte: Diese beiden werden, wie von Hayden vorgesehen, auf unmittelbarste und überzeugendste Weise die unbekannten Wunder des neuen Gebiets dokumentieren. Haydens Expedition kehrt in den ersten Januartagen zurück und erlebt einen triumphalen Erfolg. Sie wäre jedoch nicht in die Universalgeschichte eingegangen, wenn sie nicht eine entscheidende Wende in der Beziehung zwischen Mensch und Natur bezeichnet hätte. Auch wenn alles zufällig geschieht und

Sierra Nevada de Santa Marta
Caracas
VENEZUELA
Sierra Nevada
Georgetown
Paramaribo
Bogotá
Canaima
GUYANA
SURINAME
KOLUMBIEN
Quito
Galápagos
Cotopaxi
EKUADOR
Huascaran
Manu
BRASILIEN
Lima
PERU
La Paz
Brasilia
BOLIVIEN
Lauca
PARAGUAY
CHILE
Asunción
Iguazu
URUGUAY
Santiago
ARGENTINIEN
Buenos Aires
Montevideo
Nahuel Huapi
Los Glaciares
Torres del Paine
Tierra del Fuego

Lemmenjoki
Abisko
Sarek
NORWEGEN
FINNLAND
SCHWEDEN
Rondane
Oslo
Helsinki
Stockholm
ESTLAND
LETTLAND
IRLAND
Lake District
Dublin
GROSSBRITANNIEN
DÄNEMARK
Kopenhagen
LITAUEN
Peak District
RUSSLAND
London
NIEDERLANDE
Amsterdam
POLEN
WEISSRUSSLAND
Berlin
BELGIEN
Warschau
Bonn
Brüssel
DEUTSCHLAND
Luxemburg
Prag
UKRAINE
Paris
TSCHECHISCHE REPUBLIK
Bayerischer Wald
SLOWAKEI
Wien
FRANKREICH
Bern
Nationalpark
Hohe Tauern
MOLDAWIEN
SCHWEIZ
ÖSTERREICH
Budapest
Vanoise
Gran Paradiso
Covadonga
SLOWENIEN
UNGARN
RUMÄNIEN
PORTUGAL
KROATIEN
SPANIEN
BOSNIEN HERZEGOWINA
Bukarest
Belgrad
ITALIEN
Lissabon
Madrid
JUGOSLAWIEN
Sofia
Rom
BULGARIEN
ALBANIEN
Doñana
MAZEDONIEN
Tirana
GRIECHENLAND
Athen

niemand sich bewußt macht, was daraus folgt, weder in den Vereinigten Staaten noch auf der übrigen Welt. Am Abend des 23. Dezember 1871, einem Samstag, sitzen Hayden, Jackson, Moran und der Expeditionsarzt McKinsey sowie zwei Offiziere der Eskorte in der unendlichen Stille der schneebedeckten Hochebene am Feuer. Der Himmel ist voller Sterne und glasklar, und es ist so hell, daß man eine Sicht wie am Morgen hat. Der Whisky macht die Runde, und dazwischen rauchen die Männer langsam ihre Zigarren. In zwei Tagen ist Weihnachten. Aber nicht weil sie es fern von zu Hause verbringen müssen, empfinden diese Männer eine leise Schwermut, sondern weil ihr Abenteuer zu Ende geht und sie bald das wundervolle Land, das sie entdeckt haben, verlassen müssen. «Erinnert ihr euch an Frederick Olmsted?» fragt Hayden, indem er das Schweigen endlich bricht. Olmsted ist der Architekt, der 1857 im Bebauungsplan von New York die ausschließliche und unantastbare Ausweisung des Central Parks zur öffentlichen Grünanlage durchgesetzt hat. Olmsted ist auch derjenige, der 1864 die außerordentliche Schönheit des Tals von Yosemite in Kalifornien entdeckt und - gerade noch rechtzeitig - bei Präsident Abraham Lincoln ein Gesetz zur Rettung vor der Bauspekulation erwirkt hat. So beginnt im Namen von Olmsted ein Gespräch, das bis in die Nacht dauert, als die einzigartige Versammlung ihre Arbeit beendet. Auf einstimmigen Beschluß hat Hayden einen Brief an General Grant, den Präsidenten der Vereinigten Staaten, geschrieben. Darin wird darum ersucht, daß das Gebiet des Yellowstone vollkommen intakt zu erhalten sei «zur Freude aller Menschen und daß es per Gesetz des Kongresses für alle Zeiten zu einem öffentlichen Park werden solle». Doktor McKinsey, der sich als Opfer der Steuer sieht, besteht darauf, daß die Formulierung «zur Freude aller Menschen» durch die Angabe «mit Ausnahme der Indianer, da sie nie Steuern bezahlt haben» präzisiert wird, aber der in den Entwurf aufgenommene Zusatz erscheint in der Endfassung nicht mehr.

Präsident Ulysses Grant stimmt dem Vorschlag zu. Der Kongreß billigt die Zustimmung des Präsidenten, der am Freitag, dem 1. März 1872 das Gesetz unterschreiben kann, mit dem der Yellowstone Park als erster Nationalpark der Geschichte offiziell gegründet wird.

Dieser Primat ist niemals angefochten worden, und alle Naturparks der Erde betrachten sich als legitime Nachkommen des amerikanischen Yellowstone Parks. Der größte dieser Abkömmlinge entsteht 1879 in Australien: Man wird ihn, im nicht mehr jugendlichen Alter von 76 Jahren, auf den Namen Royal National Park taufen. 1885 ist die Reihe am Zweitgeborenen, einem kanadischen: Die Regierung von Ottawa stellt die heißen Mineralquellen von Banff in der westlichen Provinz Alberta unter Schutz, im Zentrum eines später auf einer Fläche von 664.000 Hektar entstehenden großen Nationalparks. 1887 ist Neuseeland an der Reihe, wo ein weiser Maori-Häuptling der britischen Krone das durch den Glauben der Väter geheiligte Land anvertraut - in jedem Baum, sagt er, lebt die Seele eines Vorfahren oder eines tapferen Kriegers - mit der Verpflichtung, daß es stets im vorgefundenen Zustand erhalten bleiben soll. Sieben Jahre später wird nach dem Willen von Königin Victoria persönlich dieses Gebiet den Nationalpark von Tongariro bilden. Wir sind nun an der Schwelle zum zwanzigsten Jahrhundert. 1898 stellt man das Reservat von Sabie in Transvaal unter Schutz, das 1927 zu einem der größten Nationalparks der Erde wird; der Krüger-Nationalpark mit einer Fläche von fast zwei Millionen Hektar. Etwas später wird in Mexiko einer der kleinsten eröffnet, nicht umsonst El Chico genannt, der kaum zweitausend Hektar erreicht. Aber wir befinden uns im Mexiko von Porfirio Diaz, und so ist das ein Erfolg. Wie man sieht, hat sich die Idee des Parks bereits von einem Ende der Welt zum anderen verbreitet. Im alten Europa hingegen, immerhin der Keimzelle aller anderen Kulturen, bei der amerikanischen angefangen, setzt sie sich nicht durch. Die Gründe für diesen offenkundigen Widerspruch sind vielfältig.

Der Hauptgrund jedoch ist im Gebot des in Europa herrschenden wissenschaftlichen und technischen Fortschritts zu suchen. Das Auto scheint im Begriff zu sein, den Reichtum ins Unendliche zu vervielfältigen und den Menschen nach Tausenden von Jahren der Ungerechtigkeiten und Leiden von seiner Mühsal zu befreien. Von der Chemie erwartet man sich noch mehr; der Traum vom Stein des Weisen ersteht triumphierend wieder auf, zusammen mit dem von der Medizin beschworenen faustischen Mythos. 1903 erhebt sich auf dem Gelände von Kitty Hawk das erste Flugzeug der Geschichte, und immer größere Schiffe durchpflügen ohne oder sogar gegen die Kraft des Windes die Ozeane. Angesichts alldessen stellt sich der Naturschutz nicht einmal als ein Problem dar, jedenfalls nicht als ein ernstzunehmendes.

Niemand kann sich vorstellen, daß die Schlote der ersten Fabriken einmal so zahlreich werden, daß sie den gesamten Planeten vergiften; und auch nicht, daß Millionen von Autos die Straßen derartig verstopfen werden, daß weder die Fortbewegung noch ein Anhalten möglich sein wird. Um nur eine Vorstellung vom Verkehr jener Jahre zu geben: Die Regeln des englischen Automobilclubs schreiben dem Autofahrer auf Fahrten außerhalb der Stadt vor, bei engeren Kurven aus dem Wagen zu steigen und die eigene Anwesenheit durch einen Gewehrschuß zu signalisieren. Da man die Gefahr für die Felder und das Meer nicht sieht, schon gar nicht für die Gebirge, scheint sie nicht zu existieren. Die Bauern, so denkt man, werden weiterhin Bauern, die Küstenbewohner werden Seeleute und Fischer bleiben. Und was die Bergbewohner betrifft, so weiß man ohnehin nicht recht, zu was sie auf der Welt sind. Ins Gebirge wagen sich - in der Freizeit - nur wenige Romantiker oder hin und wieder ein ausländischer Kartograph, um Aufzeichnungen für den nächsten Krieg zu machen. Es gibt Raum für alle; das Paris des Barons Haussmann ist ein Garten, der sich auf grandiose, blühende Boulevards öffnet; ebenso London, Madrid, Rom und Berlin, es gibt keine Hauptstadt, die nicht immer schöner würde. So hart auch die Klassenunterschiede sein mögen, selbst die verwahrlosten Arbeiterwohnungen haben zwei- oder dreimal so große Ausmaße wie diejenigen, in denen in der zweiten Hälfte des Jahrhunderts auch die Angehörigen des Mittelstandes ersticken müssen. Zwar gibt es meist nur eine einzige Toilette im Hof für vier zahlreiche Familien und weder Licht noch Heizung, aber Platz gibt es genug.

Unter diesen Umständen erklärt sich, wieso niemand - und am wenigsten diejenigen von Gewicht - sich um den Schutz der Umwelt sorgt. Selbst die Naturforscher, die ab und an eine seltene Tier- oder Pflanzenart entdecken, sehen keinen Grund für das Aussterben und halten mit der Ablieferung eines gelehrten Berichts an ihre Akademien ihre Aufgabe im guten Glauben für vollständig beendet.

Der augenblickliche Zustand gibt ihnen noch recht. Der Angriff auf die Umwelt hat bereits begonnen, aber der natürliche Reichtum ist noch so üppig, daß er jegliche Schuld des neuen Einsatzes bezahlen zu können scheint. Und daß es sich um ein gefährliches Spiel handelt, erkennt Europa nicht einmal, als es daran geht, die ersten Nationalparks einzurichten. Deutschland stellt 1920 die Lüneburger Heide unter Schutz, eine wundervolle Heidelandschaft, die sich im unteren Becken der Elbe erstreckt. Schweden eröffnet bereits 1910 die Parks von Sarek, Stora Sjöfallet, Peljekasje und Abisko. 1913 ist Frankreich an der Reihe mit dem Park der Berarde, der 1924 unter dem neuen Namen Pelvoux erweitert wird und schließlich, 1973, im Park von Ecrins aufgeht. Ein Jahr später, während der Erste Weltkrieg ausbricht, ist die friedliche Schweiz am Zuge, wo der Nationalpark im Engadin eröffnet wird. Spanien stößt 1918 dazu mit der Einrichtung der Parks von Covadonga und Ordesa sowie Italien mit dem der Abruzzen und dem Gran Paradiso. 1932 entsteht schließlich der erste internationale Park, aber auch hierbei hält Amerika den Primat. Tatsächlich geschieht es auf Initiative einer Gruppe Kanadier unter Führung von John George «Kootenai» Brown, daß der Waterton Park an der Südgrenze der Provinz Alberta mit dem Glacier an der nördlichen Grenze von Montana zu einer Einheit verschmolzen wird. Der Waterton war 1895 entstanden, der Glacier 1910; zusammen bedecken sie ein Gebiet von 462.600 Hektar. Von dieser Zeit an beginnt die statistische Kurve entschieden zu steigen, von den wenigen Parks aus den Anfängen des zwanzigsten Jahrhunderts, über die Hunderte der vierziger Jahre zu den Tausenden der Achtziger. So seltsam es scheinen mag, es gibt noch keine Angabe über die genaue Anzahl der Parks, und es ist auch nicht sicher, daß man bis zum Jahr 2000 dazu kommt, obwohl Regierungen und Institutionen sich ernsthaft darum bemühen. Es gibt auch, wenigstens in ersten Ansätzen, eine Art UNO für die Parks, das CEDIP (Zentrum zur internationalen Erfassung der Parks). Es hat seinen Sitz am Stadtrand von Florenz, in einer Villa, die der großen Renaissancefamilie der Medici gehörte, danach dem russischen Fürsten Demidoff und noch später den jugoslawischen Herrschern Karageorgevich. Das Zentrum hat bereits ca. 3000 der schätzungsweise 4500 bis 5000 heute auf dem Planeten vorhandenen Parks erfaßt. Eine derartige Liste existiert schon in Cambridge in der Datenbank der Internationalen Vereinigung zum Schutz der Natur, aber dabei handelt es sich lediglich um zahlreiche Namen und ebenso viele verschiedene Gebiete, die unter dem einzigen gemeinsamen Nenner, in irgendeiner Weise geschützt zu sein, gesammelt worden sind.

Es geht hingegen um etwas ganz anderes. Wenn man zum eigentlichen Ziel einer rationalen Verteidigung der natürlichen Schätze der Erde gelangen möchte, müßte vor allem geklärt werden, was man unter Park versteht. Man müßte einen einheitlichen Maßstab finden, so etwas wie das Urmeter von Paris. Dies ist zur Zeit noch nicht möglich. Die Spezialisten der Internationalen Vereinigung sahen sich trotz des Einsatzes von Parametern, die nach den neuesten Techniken erarbeitet worden waren, gezwungen, eine Klassifizierung nach neunundvierzig Typen von Parks vorzunehmen, aber selbst dies reicht nicht aus, eine jeden Tag komplexer erscheinende Realität zu erfassen. Mit den gleichen Schwierigkeiten müssen sich die Spezialisten des Florentiner Zentrums auseinandersetzen. «Die Probleme», so erklärte vor kurzem der Leiter des Zentrums in einem Interview, «sind objektiv verschieden, allein schon hinsichtlich der Ausdehnung: In Südamerika gibt es Parks von zwei oder sogar drei Millionen Hektar; in Europa kommen wir auf Tausende, wenn nicht nur auf Hunderte Quadratkilometer. Noch unterschiedlicher ist jedoch das Verständnis, mit dem die einzelnen Staaten auf unsere Anfragen reagieren - wenn sie denn überhaupt reagieren. Wir erbitten Angaben über die Parks, und viele Regierungen, speziell afrikanische, schicken uns die Liste ihrer Jagdgebiete, samt unzähligen Photos und den Abschußtarifen in Dollar. Und dies ist nur ein Beispiel». Grenzfälle, sicherlich. Aber die Gefahr von Mißverständnissen besteht ständig und nicht nur aufgrund der objektiven Unterschiede, die im Interview angedeutet wurden. Solche Verschiedenheiten wie die der räumlichen Ausdehnung sowie der natürlichen Gegebenheiten stellen in der Tat lediglich eine erste und nicht einmal unüberwindliche Reihe von Problemen dar. Weitere Schwierigkeiten ergeben sich aus den unterschiedlichen nationalen Gesetzen, die überall reichlich vage und in jedem Fall nur schwer miteinander zu vereinbaren sind, wenn es sich um Gebiete handelt, auf denen Staatsgrenzen verlaufen. Und dies trotz des guten Willens und der professionellen Vorbereitung der auf beiden Seiten damit Beschäftigten. Andere Probleme wiederum entstehen bereits an der Wurzel, aus den tieferliegenden Motiven, aus denen eine Regierung eines bestimmten Tages die Gründung eines Parks beschlossen hat. Wenn wir an den Anfang dieser Geschichte zurückkehren, erkennen wir in Haydens nämlichem Brief an den amerikanischen Präsidenten Grant einen zweifellos edel gesinnten Wunsch, der jedoch recht unbestimmt ist und vor allem weit entfernt von den Zielen, die das moderne Umweltbewußtsein mittlerweile gezwungen ist anzuvisieren. Der Yellowstone Park wird eingerichtet «zur Freude aller Menschen» - mehr oder weniger ausgenommen die Indianer, die keine Steuern zahlen -, aber über diese im Grunde hedonistische Dimension kommt man nicht hinaus.

«Es ist merkwürdig», schreibt dazu Franco Tassi, ein anerkannter italienischer Ökologe, «daß der Anstoß zum Schutz der Natur nicht so sehr von den seit

Tunis
Algier
TUNESIEN
Rabat
MAROKKO
Tripolis
Kairo
ALGERIEN
LIBYEN
ÄGYPTEN
MAURETANIEN
Nouakchott
MALI
NIGER
TSCHAD
Khartum
Bamako
Niamey
ÄTHIOPIEN
Fort-Lamy
SUDAN
NIGERIA
ELFENBEIN-
KÜSTE
GHANA
Addis Abeba
Awash
REPUBLIK
ZENTRALAFRIKA
Lagos
Abidjan
Accra
KAMERUN
Bangui
SOMALIA
Yaoundé
UGANDA
KENIA
Mogadischu
Kampala
Virunga
Libreville
Lake Nakuru
GABUN
Ruwenzori
Nairobi
Masai Mara
ZAIRE
KONGO
Amboseli
Brazzaville
Serengeti
Tsavo
Kinshasa
Kilimanjaro
Dodoma
Daressalam
Luanda
TANSANIA
ANGOLA
SAMBIA
Lusaka
Victoria Falls
Harare
MOSAMBIK
NAMIBIA
SIMBABWE
Antananarivo
Windhuk
BOTSWANA
Namib/Naukluft
Krüger
MADAGASKAR
Gaborone
Pretoria
Maputo
Kalahari Gemsbok
Bloemfontein
REPUBLIK
SÜDAFRIKA
Kapstadt

Jahrtausenden geschichtlich stark geprägten Kontinenten der antiken Zivilisation ausging, als vielmehr von den jungfräulichen, durch die Pioniere eroberten Ländern. Wahrscheinlich war es gerade der klare Gegensatz zwischen der prächtigen Schönheit der neuentdeckten und besiedelten Landstriche und deren rascher Zerstörung durch den Egoismus und die Gier der Menschen, der die sensibleren Gewissen schmerzhaft traf. Zu dieser Zeit empfand man weder die Notwendigkeit der Erhaltung weiträumiger Wildnisse (es herrschte vielmehr das Streben nach Fortschritt, nach «Zivilisation») noch sorgte man sich um das Verschwinden seltener Tiere. Viel eher gab es den dringenden Wunsch, die unglaublichen Entdeckungen, die unerhörte Einzigartigkeit der Orte, die von der Faszination des Erforschens noch gesteigert und häufig mit geradezu mythologischem Enthusiasmus geschildert wurde, zu bewahren und allen Menschen zu zeigen». Wir haben es demgemäß mit einer Wiederauflage der «Wunderkammer» zu tun, die zwar nicht mehr in den Renaissancepalästen angelegt wird, jedoch ebenso dazu erdacht ist, Erstaunen hervorzurufen. Der Mensch des neunzehnten Jahrhunderts bemerkt die Schönheit des Planeten und erliegt der Versuchung zu glauben, daß soviel Schönheit ein Ausdruck der - vielleicht sogar gebührenden - Ehrerbietung für die Überlegenheit der menschlichen Rasse sei.

Von dieser mehr oder weniger bewußten Annahme ausgehend behält er sich daher vor, überall dort in selbst grober Weise einzugreifen, wo die Natur verändert werden kann oder muß, verlangt jedoch, einige Reste zu erhalten, um sich am Gegensatz erfreuen zu können. Der Mensch des neunzehnten und der ersten Hälfte des zwanzigsten Jahrhunderts betrachtet sich jedenfalls - ebenso wie die Herren des sechzehnten Jahrhunderts, die sich zu ihrem Vergnügen Zwerge, Riesen und Tiere aus den entferntesten Ländern am Hof hielten - als absoluter Herrscher des Universums, und seine Rücksicht auf die Natur ist nicht sehr verschieden von der eines Cowboys auf einem eben gezähmten Hengst. Es gibt jedoch einen Tag, der den Beginn einer unumkehrbaren Tendenzwende anzeigt. Er kommt ganz plötzlich am 6. August 1945, dem tragischsten Montag der Geschichte, als die Atombombe Hiroshima in einem einzigen blendenden Blitz der Apokalypse vernichtet. Man kann einwenden, daß der Krieg noch schrecklichere Massaker bewirkt hat. In Hiroshima zählte man bis zu 200.000 Tote, in Dresden starben durch die konventionellen Bomben bis zu 150.000, denn die Stadt war voller Flüchtlinge aus Schlesien, die niemand registriert hatte. Nach der Atombombe jedoch sollte die Welt nicht mehr so sein wie zuvor.

Und dies weniger aus Angst vor dem radioaktiven Aussatz, der auch noch nach Jahren tötet - eine Schändlichkeit, die keine Waffe je zuvor begangen hatte - als vielmehr aufgrund der unvermeidlichen, leichtfertigen und monströsen Eskalation, wodurch der über Hiroshima erprobte Prototyp von den Folgemodellen mit einer tausend-, ja millionenfach größeren Sprengkraft überholt werden sollte und der Mensch schließlich in der Lage sein würde, den gesamten Planeten zu vernichten. Und damit sich selbst, da trotz der Raumfahrtunternehmungen ein Massenexodus in irgendeinem anderen Teil des Sonnensystems zumindest im Augenblick nicht denkbar ist; ohnehin würde er dort höchstwahrscheinlich mit allem wieder von vorne beginnen.

An diesem Punkt endlich bahnte sich eine Änderung in der Beziehung zwischen Mensch und Natur an, und zwar mit einer völlig unerwarteten Dynamik. Noch mehr als zuvor konnte sich der Mensch als Herr und Beherrscher fühlen, aber es war ihm - mit einem Schlag - die Lust vergangen, es zu demonstrieren. Als er sich erschrocken umsah, wurde er sich bewußt, daß seine einzige Hoffnung auf ein Überleben in den Reserven der Erde gründete, Reserven, die er in jahrtausendealtem Leichtsinn geplündert hatte und immer noch weiter ausbeutete. Nun aber mit dem Zweifel an ihrer Unbegrenztheit, woran er immer geglaubt hatte, während ihn doch tausend Anzeichen warnten, daß - wenn er nicht den Versuch machte, die Ausbeutung in irgendeiner Weise vernünftiger zu organisieren - jedem möglichen Sieg auf einem Abschnitt der Front pünktlich eine neue Niederlage auf einem anderen Abschnitt folgen würde, und daß die nun bald fällige Rechnung immer höher ausfiele. «Wir müssen uns dessen bewußt sein», sollte der Generalsekretär der Vereinten Nationen, U Thant, später sagen, «daß wir uns alle an Bord eines Raumschiffes befinden, einige in der ersten Klasse, viele in der Touristenklasse und die meisten sogar im Laderaum. Wenn das Raumschiff explodiert, kommt keiner davon». Diesem Bewußtsein ist es teilweise zu verdanken, daß in der zweiten Hälfte des Jahrhunderts Europa zum ersten Mal nicht mehr Schauplatz großer Kriege gewesen ist. Natürlich werden noch Kriege geführt, vorwiegend jedoch woanders; in jenen armen Ländern, die immer ärmer werden, weil sie die alten Waffenarsenale der immer reicher werdenden Länder aufkaufen. Und ebenso ist es diesem Bewußtsein zu verdanken, daß - auch zum ersten Mal - das Engagement für die Umwelt Millionen von Frauen und Männern zu einer festen Kraft vereint hat, unabhängig von ihren Pässen, ihren Ideologien und ihren Regierungen.

Wie jede große Massenbewegung ist auch diese - die absolut gesehen die größte ist nach dem Christentum - aus dem Zusammentreffen von notwendigerweise undefinierten, unterschiedlichen und sogar widersprüchlichen Forderungen entstanden. Zwanzig Jahre waren nötig, vom Anfang der Siebziger bis zum Ende der Achtziger, damit diese heterogene und gärende Masse zur eigenen Form fand und zu der vorwiegend grünen Farbe, die heute jede politische Macht in Europa auf irgendeine Weise beeinflußt, angefangen von den Entscheidungen des Straßburger Parlaments bis zu denen der einzelnen Staaten und so fort bis in die entferntesten Umfelder der öffentlichen Verwaltung. Begonnen hat man im Namen des Friedens, und vielleicht gab es nie eine weniger unschuldige Taube als die von Picasso: Es war ein parteiischer Frieden, der - wie im Gleichnis des Evangeliums - den Splitter im Auge des Nächsten sah, aber nicht den Balken im eigenen. Dennoch begann so endlich ein konkreter Diskurs über den Schutz der Natur; denn es war offenkundig, daß ein totaler Krieg auch die Sieger nicht verschonen, sondern sie zu einem Tod auf zwar erobertem, aber vergiftetem Land verurteilen würde. Vom Theorem geht man zum Korollar über: Der totale Krieg ist nicht die einzige Gefahr, sondern eine von vielen. Auch andere Gifte und andere Torheiten können zum Tode verdammen, und dies auch in Friedenszeiten, ja sogar im Wohlstand. Aber was bedeutet dann Wohlstand? Der Gedanke breitete sich weiter aus und vervielfachte dabei Zweifel und Begeisterung. Die Masse begann, ihre eigene Kraft zu ermessen und Druck auf die Regierungspaläste auszuüben, in die einzutreten sie sich berechtigt fühlte: Es kam zur unausweichlichen Begegnung mit der Politik. Dies bedeutet notwendigerweise Kompromiß oder sogar manchmal Verrat am Mandat der Wähler. Es bedeutet unzählige andere negative Aspekte der Demokratie, aber es ist der notwendige Preis für das Recht zu entscheiden oder zumindest sich gegen den zu wehren, der das Allgemeinwohl dem eigenen Interesse opfert. In dieser Masse, die heute in die parlamentarischen Vertretungen gelangt ist, war von jeher alles anzutreffen, Gerechte und Ungerechte, Gemäßigte und Fanatiker, Poeten und Abenteurer. Aber es gab dort auch - und es gibt ihn immer entschiedener - den willkommenen, echten Antrieb, weniger im Sinn vager Utopien einer nicht näher bestimmten «besseren Welt», als schlechthin zur Rettung der Erde, bevor das Überleben von fast sechs (5,7) Milliarden Menschen, die wir zählen, endgültig unmöglich wird.

Eine Bestätigung dieser immerhin positiven Bilanz könnte man bereits beim Nachlesen der Resultate der letzten Wahlen zum Europaparlament finden; dort sitzen heute ungefähr dreißig Abgeordnete der Grünen aus jedem Land der Gemeinschaft. Wenige, wenn man bedenkt, daß es insgesamt 626 in der Versammlung sind. Aber doch sehr viele, wenn man daran erinnert, daß die Entscheidung für die Umwelt allen anderen radikal entgegengesetzt ist, da sie - in einer Zeit äußerster Verrücktheit, geistiger Knauserei und grausamer Egoismen - Umsicht, Ernsthaftigkeit, Opfer und menschliche Solidarität erfordert.

Eine noch deutlichere Bestätigung liegt jedoch darin, daß die Anzahl der Parks und der Schutzgebiete sich vervielfacht hat, trotz der starken Interessen, die

Ankara
TÜRKEI
IRAK
Baghdad
Teheran
IRAN
AFGHANISTAN
Kabul
Islamabad
Riad
PAKISTAN
SAUDI-ARABIEN
Muskat
OMAN
Corbett
Neu-Delhi
NEPAL
Sagarmatha
Katmandu
INDIEN
Ulan Bator
MONGOLEI
Peking
CHINA
Wolong
Pyongyang
Seoul
SÜDKOREA
Fuji-Hakone-Izu
Mount Sorak
Aso
Mount Halla
Nikko
Tokio
JAPAN
Taipeh
Yu Shan
Ken Ting
TAIWAN
Hanoi
LAOS
VIETNAM
BIRMA
Vientiane
Rangoon
THAILAND
Khao Yai
Bangkok
Phnom Penh
KAMBODSCHA
Manila
Taal Volcano
Mayon Volcano
PHILIPPINEN
MALAYSIA
Kuala Lampur
INDONESIEN
Jakarta
Komodo Island

deren Einrichtung zu verhindern oder - noch schlimmer - deren Ziele zu verzerren suchen. Europa, das verspätet und ohne große Begeisterung gestartet war, hat gegenüber den Ländern der anderen Kontinente schnell aufgeholt. Zwei große Nationen, England und Deutschland liegen an der Spitze der Rangliste mit geschützten Gebieten, die dort bereits ein Fünftel der jeweiligen Territorien einnehmen. Es folgen Island mit 9% und Frankreich mit 8%. Die Schweiz und Finnland liegen bei 6%, Schweden bei 5%, die tschechische Republik und die Slowakei bei 4%, Italien, Österreich und Ungarn bei 3%, Norwegen bei 2% und schließlich Albanien, Belgien, Bulgarien, Dänemark, Griechenland, Irland, Polen, Portugal, Rumänien und Spanien bei 1%.

Der Rest der Welt erreicht sehr viel höhere oder sehr viel niedrigere Werte, sogar bis zu null. Nach den jüngsten Statistiken erstreckt sich das geschützte Gebiet insgesamt über vier Millionen Quadratkilometer, das entspricht etwa 3% der Gesamtoberfläche der Landmasse. Den eindrucksvollen ersten Platz unter den Nationen, die am aktivsten an Schutzmaßnahmen arbeiten, teilen sich die Vereinigten Staaten, Japan, Australien, Rußland und Neuseeland. Das Panorama ist weitgespannt und außerordentlich vielgestaltig. Es ist tröstlich, daß viele der Wunder der Welt, in der wir leben, bereits in Sicherheit sind. In den nationalen und internationalen Parks gibt es imponierende - auch aktive - Vulkane wie den Fuji-Hakone-Izu in Japan und den Skaftaell auf Island; berühmte Berge wie den Mount Everest, dessen nepalesischer Abhang zum Park von Sagarmatha gehört sowie den Mount Kenya in Afrika und den Mount McKinley in Alaska. Es gibt darunter auch riesige Sümpfe, wie die Everglades in Florida und ganze Flußdeltas, wie das der Donau am Schwarzen Meer und das des Guadalquivir am Atlantik. Es gibt die großen Wasserfälle: die Viktoriafälle im Park von Simbabwe und den Salto Angel in Venezuela. Es gibt auch die phantastischen Abenteuerinseln im Archipel Juan Fernandez, wo der englische Matrose Alexander Selkirk als Schiffbrüchiger landete, ohne zu wissen, daß Daniel Defoe den für alle Zeiten lebendigen Helden der Literatur, Robinson Crusoe, der achtundzwanzig Jahre in vollständiger Einsamkeit lebte, aus ihm machen würde. Oder auch die Galápagos-Inseln, dreizehn Inseln westlich von Ekuador, siebentausend Quadratkilometer, zweitausend Vulkane und eine schauerliche Geschichte, die von Darwin nämlich, der zum erstenmal das Gemetzel unter den Pelikanen, Möwen, Ohrenrobben, Schildkröten und sogar Rindern entdeckt; sie waren von einer Rasse verwilderter Hunde zerfleischt worden, die auf geheimnisvolle Weise zur genetischen Vorherrschaft gelangt waren. «Die Natur ist intelligent, aber sie hat kein Mitleid», schreibt Darwin später. «Welches Blutbad müßte das Auftauchen eines Raubtieres in einem Gebiet anrichten, bevor es dem Selbsterhaltungstrieb der einheimischen Tiere gelänge, sich der Kraft und den Fähigkeiten des Neuankömmlings anzupassen?» Gesichert sind auch riesige Parks, wie der von Grönland, der sich über 70 Millionen Hektar erstreckt, zweimal so groß wie die Fläche ganzer Länder wie Italien. Oder auch der Kalahari Park in Botswana, fünf Millionen Hektar im Herzen der Wüste auf der Südhalbkugel. Ebenso erleichtert sollten wir an den Park von Tingo Maria in den Wäldern des Amazonas denken können, aber es gelingt noch nicht einmal, in Erfahrung zu bringen, wie groß seine Fläche ist, so daß manche sogar an seiner Existenz zweifeln.

Und die jüngsten internationalen Pressionen zur Verteidigung der durch Spekulation und Demagogie zum Tode verurteilten grünen Lunge des Amazonaswaldes haben den entsprechenden Dialog mit der brasilianischen Regierung, die dies als beleidigende Einmischung des Auslandes in die eigenen nationalen Angelegenheiten betrachtet, noch prekärer gestaltet. In diesem Panorama fehlt auch nicht die größte Merkwürdigkeit: ein Park, der keine feste Bleibe hat, obgleich er eine der vornehmsten Aufgaben zum Schutz der Natur erfüllt. Es ist der Park von Bontebok, der über die großen südafrikanischen Ebenen wandert und die Weiden wechselt, um eine Herde einer sehr seltenen, im Aussterben begriffenen Antilopenart besser ernähren zu können. Wenn es also skrupellose Menschen und

Organisationen gibt, die brutale Anschläge auf den ökologischen Reichtum verüben, so gibt es auch andere Menschen und andere Organisationen, die sich - in aller Stille und ohne werbewirksame Entschädigung - spezieller Probleme, wie etwa der Ernährung von Antilopen annehmen. Wenn diese und andere Tatsachen zu gewisser Hoffnung verleiten können, so darf man nicht vergessen, daß unser Weg noch sehr lang ist und daß nicht mehr viel Zeit bleibt, der Katastrophe zu entgehen.

Drei Prozent der Landmasse, auf der wir leben, geschützt zu haben, ist zwar immer noch besser als nichts, aber es muß mehr getan werden. Die Wissenschaftler halten es übereinstimmend für notwendig, in den nächsten fünf Jahren auf zehn Prozent zu kommen, und dieses Ziel scheint sehr schwierig zu erreichen, auch weil die Länder, die diesem Problem am aufgeschlossensten gegenüberstehen und die über die meisten Mittel zu seiner Lösung verfügen - wie die Vereinigten Staaten, Japan, Rußland und Neuseeland - bereits alles getan haben, was zu tun war, zumindest was die Parks betrifft, während es im Interesse der gesamten Menschheit liegt, daß sie nun ihren Beitrag zu den großen politischen, wissenschaftlichen und ökonomischen Strategien zur Verhinderung der Umweltverschmutzung leisten. Wobei in diesem Zusammenhang daran zu denken ist, daß dazu auch die Ozeane gehören, das heißt weitere 362 Millionen Quadratkilometer zusätzlich zu den 150 Millionen der Landmasse.

Das Thema der Parks muß demnach auch am Ende der Rangliste dieser Aufstellung aktuell bleiben, dort wo die Bilanzen der nationalen Gesellschaften weniger Spielraum lassen und wo vor allem das Niveau der politischen Klasse in jeder Hinsicht niedriger ist; alles Gründe, die dazu führen, die Aktionen der Regierungen zu verlangsamen und im Sande verlaufen zu lassen. Man muß dazu sagen, daß nichts einfacher scheint als die Einrichtung eines Parks, wohingegen in der Realität unterschiedlicher geographischer Gegebenheiten sowie verschiedener Kulturen nichts so schrecklich kompliziert ist. Vor der Frage nach dem Wie der Einrichtung eines Parks, geht es vor allem um die Frage nach dem Warum. Wenn das Problem so angelegt wird, eröffnet sich eine Untersuchung, die sehr viel weiter führt als zu der schlichten Übereinstimmung der Gefühle, in der wir uns alle sofort wiederfinden, wenn man der guten alten Zeit nachtrauert, als man die Weintrauben noch mit den Füßen kelterte und die Hühner noch nach zweistündigem Kochen zäh waren. Beispielsweise muß man allmählich zu bedenken geben, daß in den Parks Bäume wachsen und wunderschöne Blumen und daß wildlebende Tiere frei herumlaufen, daß dort jedoch auch Menschen unter meist besonders schwierigen Bedingungen leben. Nicht zufällig stemmen sich die Einwohner aus Gebieten, die man - in bester Absicht - unter Schutz stellen möchte, jedesmal wenn der Vorschlag zur Neuerrichtung eines Parks bekannt wird, entschieden der Initiative entgegen.

Dies geschieht häufig aus einer Urangst vor dem Neuen, die immer dazu geführt hat, allem zu mißtrauen, was eine Änderung - selbst zum Besseren hin - im Rhythmus eines vielleicht undankbaren, aber aus generationenlanger Erfahrung zumindest vertrauten Lebens, herbeiführen könnte. Und die feindselige Abneigung wird noch gesteigert durch die fehlende Information, durch Neid und Rivalität, die auf der ganzen Welt die ländliche Bevölkerung und noch mehr die der Berge entzweit. Man muß jedoch auch sagen, daß die Einrichtung eines Parks nicht immer und nicht notwendigerweise eine objektive Wohltat für die darin lebenden Menschen darstellt. Allzu häufig genießen die Einwohner des zu schützenden Territoriums tatsächlich erheblich weniger Beachtung als die Tiere, die denselben Lebensraum mit ihnen teilen, da ihnen noch strengere Zwänge auferlegt werden, als sie die Natur des Ortes verlangt.

Ein so romantisch angelegtes Parkprojekt, wie es das erste des Yellowstone war, wäre daher heutzutage egoistisch, zu starr und folglich ohne Nutzen, sowohl unter kulturellen als auch ökonomischen Gesichtspunkten. Ein Park kann auch eine große vorausschauende und vor allem in jeder Hinsicht einzig saubere Investition

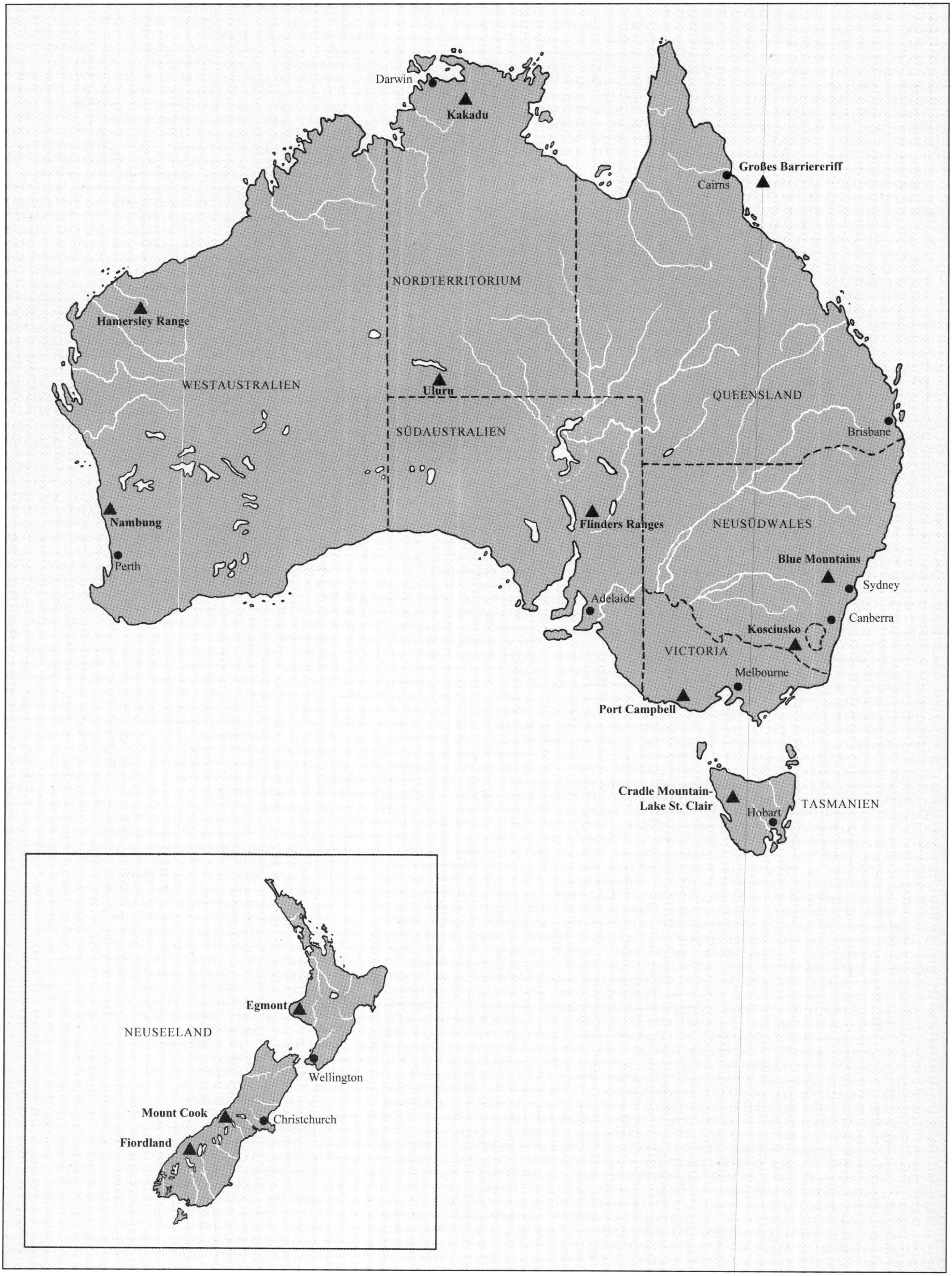

Darwin
Kakadu
Großes Barriereriff
Cairns
NORDTERRITORIUM
Hamersley Range
WESTAUSTRALIEN
Uluru
QUEENSLAND
SÜDAUSTRALIEN
Brisbane
Nambung
Flinders Ranges
NEUSÜDWALES
Perth
Blue Mountains
Sydney
Adelaide
Canberra
Kosciusko
VICTORIA
Melbourne
Port Campbell
Cradle Mountain-
Lake St. Clair
TASMANIEN
Hobart
Egmont
NEUSEELAND
Wellington
Mount Cook
Christchurch
Fiordland

bedeuten. Die entsprechenden Statistiken sind überraschend: Die jährliche Besucherzahl der Nationalparks in den Ländern des fortgeschrittenen postindustriellen Zeitalters übersteigt seit etlichen Jahren die Anzahl der Einwohner selbst. Die Parks in den Vereinigten Staaten sehen 270 Millionen Besucher gegenüber einer Einwohnerzahl von 255 Millionen, in Kanada 26 Millionen gegenüber 25 Millionen, und in Japan sind es sogar 300 gegenüber 123 Millionen.

Nach einer Schätzung der glaubwürdigen Zeitschrift «*Airone*» könnten die fünf Millionen Besucher der italienischen Parks auf 60 Millionen im Jahr ansteigen, wenn das geschützte Gebiet von 3% auf 10% der Fläche des Landes vergrößert und die mittlere Belastung auf jährlich zwanzig Personen pro Hektar beschränkt würde, das heißt innerhalb von Grenzen zum sicheren Schutz der Umwelt. Der Schwellenwert von 10% würde zudem mehr als 10.000 feste Arbeitsplätze neu schaffen und weitere 50.000 auf Saison- oder Halbzeitbasis, wodurch ein Umsatz im Wert von ca. 10 Milliarden Dollar erreicht werden könnte. Die Betrachtung solcher Hypothesen sollte nicht verdächtig erscheinen. Die Nachfrage nach Natur steigt ständig, und es wäre ein nutzloser und überdies unvernünftiger Versuch, sich ihr zu widersetzen. Man sollte sie vielmehr auf die Arten des Angebots lenken, die die verschiedenen auf dem Spiel stehenden Interessen miteinander in Einklang bringen können, unter der Bedingung, daß die traditionellen «Produktionsgebräuche» von Anfang an ausgeschlossen werden. Konkret gesprochen muß man zunächst unter den mehr als fünfzig Klassifikationstypen der Parks denjenigen herausfinden, zu dem das geschützte oder noch zu schützende Territorium gehört oder zumindest in größeren Zügen angenähert werden kann.

Ein zweiter Umstand führt zur Untersuchung der Möglichkeit einer Aufteilung des Parkgebiets in Bereiche, die differenzierte Nutzungen zulassen, und aus dieser Aufteilung werden sich ebenso viele verschiedene Kriterien für den Schutz und die Leitung ergeben.

Die Arbeitsmodelle dieser neuartigen, fördernden anstatt hemmenden Konzeption sind sehr zahlreich und erfolgreich erprobt. Eines der bedeutendsten kommt aus Italien, und es soll hier angeführt werden, gerade weil dieses wunderschöne Land leider zu den Klassenletzten in der großen Schule der Ökologie gehört und weil der Test auch unter den schlechtesten Bedingungen positiv ausgefallen ist. Es handelt sich um den Nationalpark in den Abruzzen, der 1922 auf einer Fläche von 40.000 Hektar gegründet wurde, zusammen mit weiteren, extern unter Schutz gestellten 60.000 Hektar.

Der Park befindet sich in Mittelitalien und hat einen beachtlichen naturwissenschaftlichen Reichtum zu verwalten; in einer typischen Bergwelt mit über 2500 Meter hohen Gipfeln leben ca. 12.000 Arten der höheren Pflanzen und 400 Tierarten, Säugetiere, Reptilien, Vögel, darunter Braunbär, Apenninenwolf, Königsadler, Hirsch und Gemse. Und dazu kommen bedeutende Spuren primitiven menschlichen Lebens, die mehr als 40.000 Jahre zurück reichen.

In diesem Gebiet liegen 18 Gemeinden, die zu drei verschiedenen Regionen gehören, zu Latium, Abruzzen und Molise, ein Umstand, der im spezifischen italienischen Zusammenhang bereits hinreichend gewesen wäre, jegliche Initiative lahmzulegen. Ungeachtet dieser und zahlreicher anderer Probleme ist das Kriterium zur Teilung der Bereiche mit besten Resultaten angewandt worden. Ein erster Bereich ist zum ausschließlichen Reservat bestimmt worden: Tier- und Pflanzenwelt sind einer völlig freien Entfaltung überlassen, die Besucher haben nur auf ausgewiesenen und überwachten Wegen Zugang. Wir befinden uns hier also im Reich der intakten, wild belassenen Natur. Ein zweiter Bereich umfaßt eine Umgebung für eine offenere Begegnung zwischen Mensch und Natur. Diejenigen, die auf diesem Territorium dauernd leben, betreiben weiterhin ihre Tätigkeiten als Handwerker oder Hirten in einem Verhältnis legitimer Nutzbarmachung.

Ivan Illich hat dies als «Wohl der Nutzung» bezeichnet, wobei er betont, daß ein «Pfad die Natur sogar schöner gestaltet, während eine Autobahn sie tötet». Ein dritter Schutzbereich gestattet die Ausübung landwirtschaftlicher Aktivität in größerer Dimension, stets jedoch innerhalb genau bestimmter Grenzen zur Sicherung der Umwelt. Es werden hier vorzugsweise Erfahrungen des als Antwort auf die Lebensmittelverfälschung entstandenen biologischen Landbaus genutzt sowie eine kontrollierte Ausübung des Agritourismus. Der vierte Bereich definiert sich als «Entwicklungsgebiet»: Hier befinden sich antike, historisch interessante Zentren, die auszugrenzen höchst unvernünftig wäre; vielmehr liegt hier die kulturelle Aufgabe darin, die primitiven Strukturen zu restaurieren und deren Bekanntheit zu fördern.

Das Gebiet wird so zu einem bevorzugten Ort der Begegnung zwischen den Erben der alten bäuerlichen Kultur, die stark durch örtliche Sitten, Gebräuche und Arbeitsweisen charakterisiert ist, und den Besuchern, die aus Städten kommen, in denen die Konsumkultur jegliche Spur einer persönlichen Identität ausgelöscht hat. In diesem Falle treffen Menschen aufeinander, jedoch immer im Umfeld der Natur und in einer von Toleranz, nicht von Rücksichtslosigkeit geprägten Dimension. Um diese verschiedenen Übergänge besser abklären und überwachen zu können, wird das vierte Gebiet seinerseits in drei Unterbereiche aufgeteilt.

Der erste umfaßt die bewohnten Zentren, deren Bebauungspläne dem bindenden Urteil der für den Park zuständigen Behörde unterliegen. Der zweite betrifft die Infrastruktur der Unterkünfte, also Schutzhütten, Hotels, Rastplätze und Plätze für Einzelcamper: Der Zustrom der Besucher wird auf diese Weise gestattet, aber doch aufmerksam reguliert. Der dritte bezieht sich auf die Ausstattung, das heißt die Zugänge in den Park, Park- und Picknickplätze, Panoramaausblicke und Orte zur naturwissenschaftlichen Beobachtung sowie Toiletteneinrichtungen.

Das Resultat: Der Nationalpark der Abruzzen ist im Lauf von wenigen Jahren zum größten Industriezweig geworden, in einer Region, die zu den ärmsten des Landes gehört; diese Industrie - man kann sie nicht anders bezeichnen, auch wenn es paradox erscheint, daß ausgerechnet eine Industrie die Natur schützt - hat einen Umsatz von jährlich über 30 Millionen Dollar ausgelöst. Mehr als zwei davon verteilen sich auf die 250 dort Beschäftigten, eingeschlossen die vielen kleinen örtlichen Handwerksbetriebe. Ein winziges Dorf im Park, Civitella Alfedena, das in den Siebzigern als nahezu ausgestorben galt, hat es fertiggebracht, die Einwohnerzahl von 200 auf 400 zu steigern, den eigenen historischen Ortskern zu restaurieren und sogar 500 Übernachtungsplätze zu schaffen; mit einem Unternehmungsgeist, der ganze Familien, die zuvor zur Abwanderung in die Städte gezwungen waren, wieder in die Berge zurückführt.

Wenn dies alles in Italien möglich war, kann man vernünftigerweise voraussehen, daß die Resultate in den anderen europäischen Ländern noch glänzender sein können. Und es ist eine Strategie, die weitergeführt werden muß, denn es wird keinen wahren Naturschutz geben, wenn die Tendenz, die durch die Landflucht zur Überflutung der Städte führt, sich nicht umkehrt.

Daher ist es zweifellos besser, die aufgegebenen Ressourcen wieder zu aktivieren und sie auf bessere Weise einträglich zu machen, als alle Gebildeten erschießen zu lassen, wie dies Pol Pot im unseligen Kambodscha tat. Die herrlichen Bilder, die in diesem Band zusammengestellt sind, möchten Millionen von Lesern eine Botschaft des Friedens und der Hoffnung bringen.

Unser Planet, unser aller Haus, ist sicherlich in einer ernsten Notlage, aber es ist noch nicht zu spät, der Situation die Stirn zu bieten und für immer herauszukommen: Man könnte sogar sagen, daß, wenn die gutwilligen Menschen sich endlich erkannt und vereint haben, dies nur aufgrund der Aussicht auf die universale Katastrophe möglich geworden ist. Es bleiben die anderen. Die Gewissenlosen. Die Niederträchtigen. Die Verantwortunglosen, die von den Wachposten der Masseninformation morgens das Ende der Welt verkünden und abends versichern, daß keinerlei Gefahr besteht und daß, im Gegenteil, die Wissenschaft im Begriff ist, einem neuen Goldenen Zeitalter die Tore zu öffnen. Sie bleiben zweifellos, diese anderen. Aber die Partie hat gerade erst begonnen, und es ist nicht gesagt, daß sie sie schon gewonnen haben.

DIE PARKS

Kanada

Nationalpark Jasper

Text auf Seite 229
Nordwesteingang des Nationalparks Jasper.

Die hohen, charakteristisch gefalteten Berge umrahmen weite Flächen blühender Wiesen.

Auf den folgenden Seiten: *malerische Schutzhütte mit Blick auf den Athabasca Gletscher.*

Kanada

Nationalpark Banff

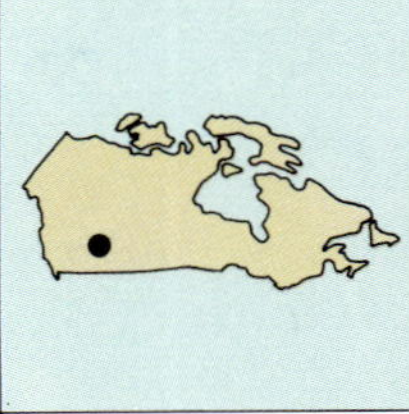

Text auf Seite 229

Der Gipfel des Berges Amelia nach dem Tauen. Der Nationalpark Banff ist der älteste kanadische Park; er wurde bereits 1885 eingerichtet.

Kanada/USA

Intern. Park Peace

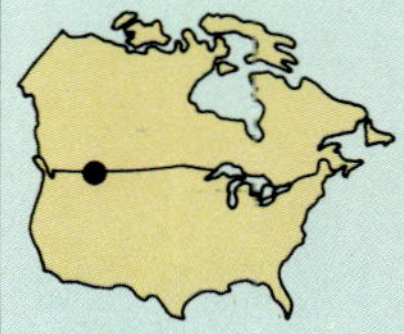

Text auf Seite 230

Blick auf den Waterton-See und das Hotel Prince of Wales am Ufer.

Auf der folgenden Seite: *eine Ansicht des amerikanischen Teils des internationalen Parks Peace.*

USA

Nationalpark Denali

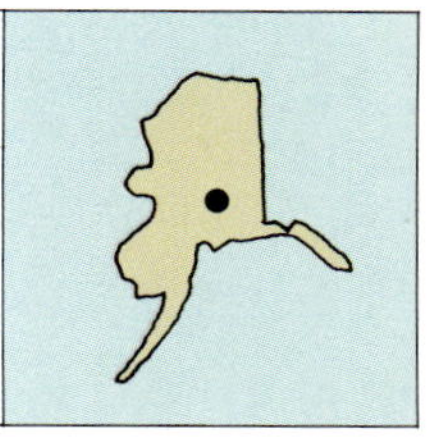

Text auf Seite 230
Panorama des Mount McKinley, des höchsten Gipfels von Nordamerika. Der Park wird allgemein McKinley Park genannt.
Auf den folgenden Seiten: *der eindrucksvolle Eisstrom eines Gletschers; zauberhafter Sonnenuntergang über dem Mount McKinley am Wonder-See.*

USA

Nationalpark North Cascades

Text auf Seite 230

Der Park North Cascades im Staat Washington wird vom nördlichen Teil der Cascade Berge gebildet. Im Zentrum erhebt sich der Gipfel des Shuksan.

USA

Nationalpark Olympic

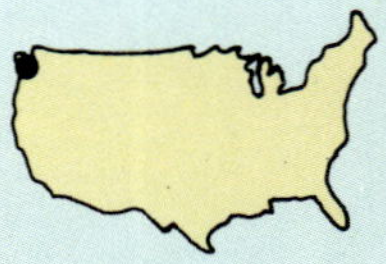

Text auf Seite 231
Der Nationalpark liegt an der Pazifikküste im Staat Washington. Das überaus niederschlagsreiche Klima begünstigt eine üppige Vegetation und die Bildung von reißenden Wildbächen.
Gegenüber: *der starke Moosbewuchs, charakteristisch für den Regenwald.*

USA

Nationalpark Yellowstone

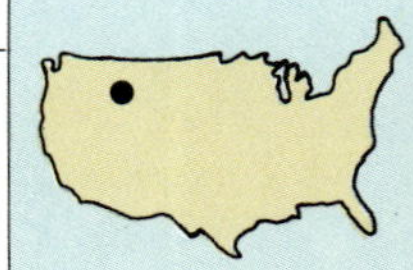

Text auf Seite 231
Der untere Wasserfall des Yellowstone, eine der bekanntesten Stellen des Nationalparks.

Gegenüber: *ein reißender Wildwasserstrom tief im Abgrund steiler, nur vereinzelt von Bäumen bewachsener Felswände.*

Auf den folgenden Seiten: *das Thermalgelände von Mammoth Hot Springs. Im Vordergrund die berühmte Minervaterrasse.*

USA

Nationalpark Yosemite

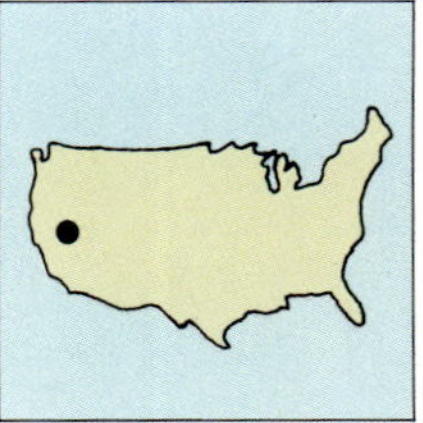

Text auf Seite 231
Yosemite ist der bekannteste Park in Kalifornien. Links erkennt man die Spitze El Capitan, rechts den Wasserfall Bridal Veil.
Auf den folgenden Seiten: *einige der zahlreichen Seen des Parks; der Fluß Toulonne, der durch den westlichen Mittelteil des Yosemite verläuft; winterliches Panorama des berühmten El Capitan am Fluß Merced.*

USA

Nationalpark Bryce Canyon

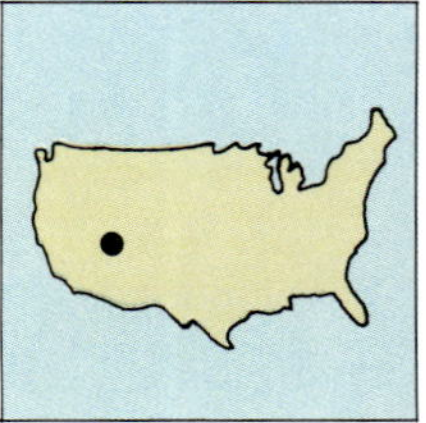

Text auf Seite 232

Dieser Park liegt in Utah, im Westen der Vereinigten Staaten.

Auf dem Foto ist das berühmte Schauspiel der „Stadt" aus Felsnadeln zu bewundern, die aus der unterschiedlichen Erosion des Sedimentgesteins entstanden ist.

USA

Nationalpark Sequoia

Text auf Seite 232

In diesem kalifornischen Park gibt es 35 Wälder der Riesensequoia. Die höchste Sequoia, General Sherman genannt, ist über 80 Meter hoch und hat vermutlich ein Alter von 2200 bis 2500 Jahren.

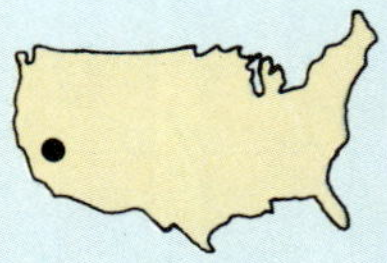

USA

Nationalpark Grand Canyon

Text auf Seite 233
Eine Ansicht des Grand Canyon Parks mit dem tiefen, vom Colorado gegrabenen Tal.

Auf den folgenden Seiten: *Die Farben des Gesteins nehmen je nach Tageszeit unterschiedliche Tönungen an; das Bild zeigt den South Rim bei Sonnenuntergang. Der Colorado durchquert den südlichen Teil des Parks.*

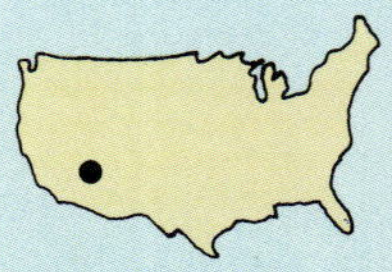

USA

Nationalpark Everglades

Text auf Seite 233

Das weite subtropische Sumpfgebiet des Parks am äußersten Ende der Halbinsel Florida. Auf dem Foto einer der typischen Sumpfzypressenwälder. Gegenüber, oben: *Im Gegensatz zum nahegelegenen Miami ist der Park fast unbewohnt und hat eine intakte natürliche Umgebung bewahrt.* Gegenüber, unten: *die ineinandergeschlungenen Wurzeln der Parkbäume.*

USA

Nationalpark Hawaii Volcanoes

Text auf Seite 233

Der 1983 erfolgte Vulkanausbruch des Kilauea, des größten aktiven Kraters der Welt, auf der Insel Hawaii.

Gegenüber: *ein Lavastrom des Kilauea, der zwischen tiefer gelegenen Kratern herabfließt.*

Venezuela

Nationalpark Canaima

Text auf Seite 234
Der Park verbirgt in seinem Dschungel den höchsten Wasserfall der Erde, den Salto Angel.

Gegenüber: *Das Wasser des Salto Angel stürzt aus einer Höhe von 979 Metern herab.*

Venezuela

Nationalpark Sierra Nevada

Text auf Seite 234

Dieser Park liegt in der Kordillere Mérida, im Nordwesten von Venezuela. Oben links der Humboldtberg mit einer Höhe von 4942 Metern.

Kolumbien **Nat.-park Sierra Nevada de Sta. Marta**

Text auf Seite 235

Der Berg Reina (5535 m); sein Name, der „Königin“ bedeutet, geht auf Isabella von Spanien zurück.

Ekuador

Nationalpark Cotopaxi

Text auf Seite 235

Der symmetrische Bergkegel mit seiner Schneehaube ist der größte Anziehungspunkt des ekuadorianischen Parkcenters.

Auf den folgenden Seiten: *der Gipfel des Berges Cotopaxi, von einem hochgelegenen Pfad aus gesehen.*

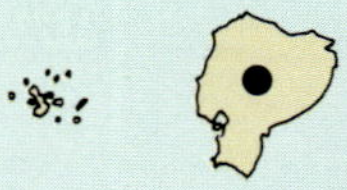

Ekuador

Nationalpark Galápagos

Text auf Seite 235

Park im Pazifischen Ozean, 1000 km von der Küste Ekuadors entfernt; bekannt wegen der Einzigartigkeit seiner Fauna und Flora. Auf den folgenden Seiten: ein Galápagos-Falke und eine Meeresschildkröte; ein Kratersee auf der Insel San Salvador; eine Gruppe von Leguanen an der Küste. Die Beobachtung der Tierwelt auf Galápagos trug zur Entwicklung der Darwinschen Theorie bei.

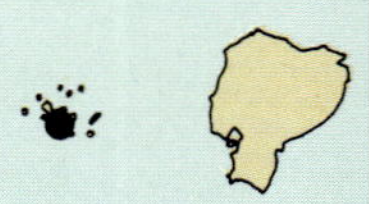

Peru

Nationalpark Huascaran

Text auf Seite 236

Der Park liegt in der Mitte von Peru und stellt den höchsten Teil der Anden dar: mehr als 20 Gipfel liegen auf über 6000 Metern Höhe.

Peru

Nationalpark Manu

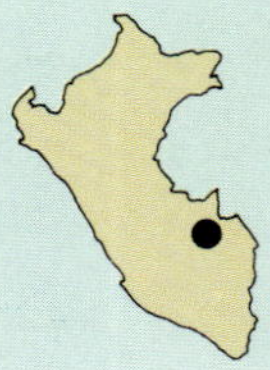

Text auf Seite 236

Dieser Park erstreckt sich an der äußersten Grenze im Osten von Peru, wo im undurchdringlichen Dschungel der Amazonas entspringt.

Chile

Nationalpark Torres del Paine

Text auf Seite 236

Ein Wasserfall des Flusses Paine, der den Nordteil des Parks durchströmt. Seinen Wasserreichtum verdankt er der Schmelze riesiger Schneemassen in den Bergen.

Chile

Nationalpark Lauca

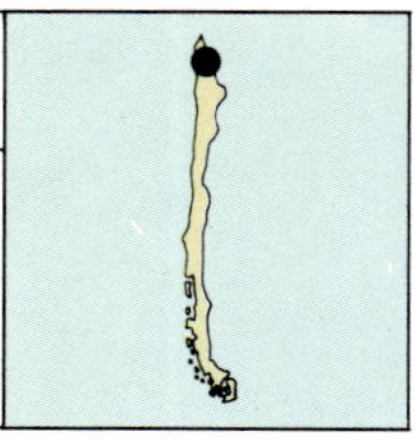

Text auf Seite 237

Die Hochebene, die das Gebiet des Parks bildet, liegt am Westhang der Andenkordillere, auf einer mittleren Höhe von 4500 Metern.

Argentinien/Brasilien **Nationalpark Iguazu**

Text auf Seite 237
Der Floriano-Fall, der berühmteste der Wasserfälle, die der Iguaçu bildet.

Auf der folgenden Seite: *Die Wasserfälle stellen die Grenze zwischen Argentinien und Brasilien dar; der „Teufelsschlund" von argentinischer Seite aus gesehen.*

Argentinien

Nationalpark Nahuel Huapi

Text auf Seite 237
Der See Er und der Vulkan Tronador. Die Schönheit der Wälder des Parks sind weltberühmt.
Auf den folgenden Seiten: *Der Park liegt in den Anden, im Westen Zentral-argentiniens und ist bekannt für seine Seen, Sümpfe, Vulkane und Gletscher.*

Argentinien

Nationalpark Tierra del Fuego

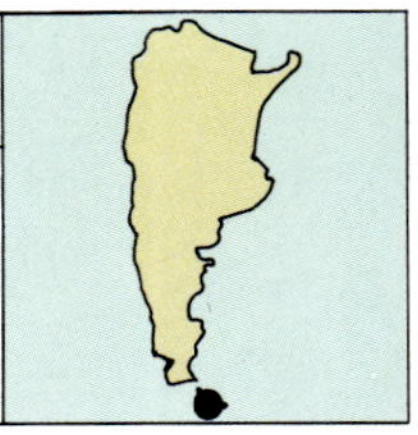

Text auf Seite 238
Möwen fliegen über das Wasser eines Fjords. Gegenüber, oben: *das Darwingebirge auf chilenischem Gebiet in Feuerland, in der Nähe des Nationalparks. Der höchste Gipfel ist der Darwinberg mit einer Höhe von 2652 Metern.* Gegenüber, unten: *der Berg Oliaia (1270 m) und weitere Gipfel im Süden von Feuerland. Trotz ihrer geringen Höhe sind diese Berge immer schneebedeckt.*

Argentinien

Nationalpark Los Glaciares

Text auf Seite 238
Dieser Park befindet sich im Süden von Argentinien, am Ostabhang der Anden; er ist bekannt wegen des großartigen Schauspiels seiner eindrucksvollen Gletscher.

Auf der folgenden Seite: *Die Gletscherschichten erreichen häufig eine Dicke von 50 bis 80 Metern.*

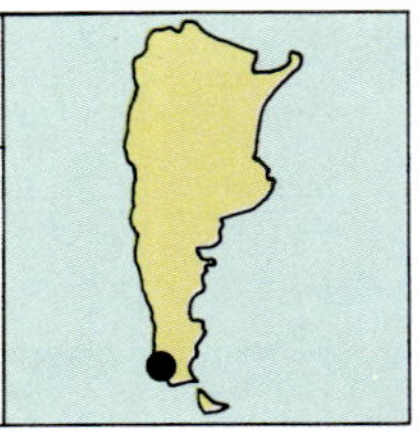

Finnland

Nationalpark Lemmenjoki

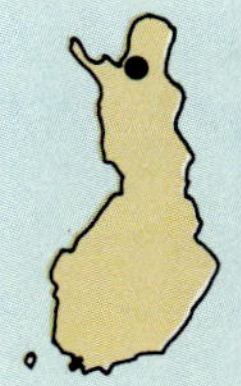

Text auf Seite 239

Dieser Nationalpark liegt im Norden von Finnland, entlang der Grenze zu Norwegen.

Auf den folgenden Seiten: *ein typisches Panorama in Lappland, ein Landstrich mit vielen Seen, Flüssen und Mooren.*

Schweden

Nationalpark Abisko

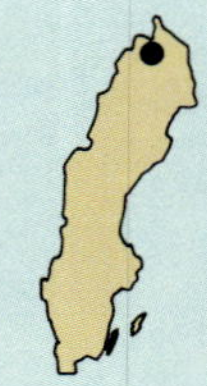

Text auf Seite 239

Der Torneträsk-See mit einer Länge von 120 km liegt im Norden des Parks, an der Grenze zu Norwegen.

Schweden

Nationalpark Sarek

Text auf Seite 240
In diesem Park befinden sich mehr als 100 Gletscher und gut 6 der 13 schwedischen Gipfel über 2000 m.

Auf den folgenden Seiten: *Der Park liegt in der Nähe des Sarekberges, im äußersten Norden der alten skandinavischen Gebirgskette.*

Norwegen

Nationalpark Rondane

Text auf Seite 240

Die Gipfelgruppe von Rondane bildet das Herz dieses Parks in Südnorwegen.

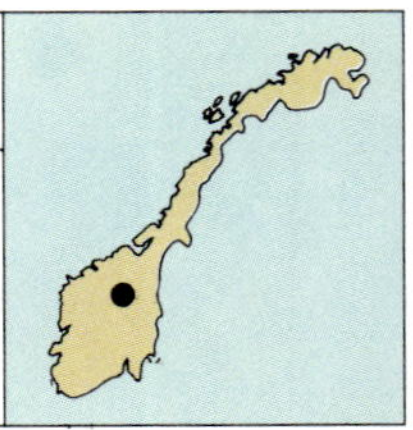

Großbritannien

Nationalpark Peak District

Text auf Seite 240

Der Park erstreckt sich über das Hügelgebiet in der Mitte von Großbritannien unmittelbar im Süden des Penninischen Gebirges.

Großbritannien

Nationalpark Lake District

Text auf Seite 241
Der Park im Mittelwesten von England ist seit Jahrhunderten ein berühmtes Reiseziel. Gegenüber, oben: *ein bezaubernder Blick auf Derwent Water, umgeben von ca. 850 m hohen Bergen.* Gegenüber, unten: *der Stone Circle, Zeugnis einer uralten Zivilisation.* Auf der folgenden Seite: *der Lake District, wie er vor allem von dem englischen Dichter William Wordsworth geschätzt wurde.*

Deutschland

Nationalpark Bayerischer Wald

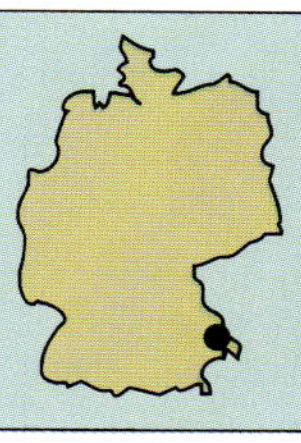

Text auf Seite 241
Die interessante Vogelwelt macht den Park zu einem idealen Ort zur Vogelbeobachtung. Auf den folgenden Seiten: *die Wälder des Parks, ein Besucherziel; Almwiesen zwischen herbstlichen Wäldern; Blick auf den Arbersee.*

Österreich

Nationalpark Hohe Tauern

Text auf Seite 241
Dieser Park liegt in den Alpen im südlichen Österreich.

Die Straße auf dem Foto durchquert den Park und bietet ein herrliches Bergpanorama.

Auf der folgenden Seite: *Im Herbst leuchten die Blätter in der klaren Gebirgsluft.*

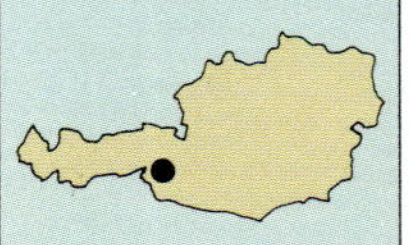

Schweizer Nationalpark

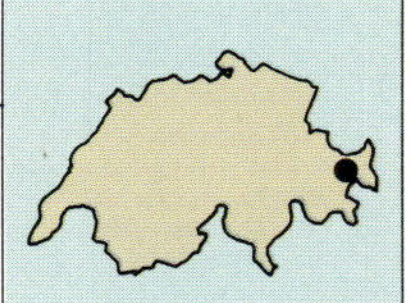

Text auf Seite 242
Steile Wege in der Alpenregion.
Auf den folgenden Seiten: *Der Park liegt in der äußersten Südostecke der Schweiz auf einer mittleren Höhe von gut 2000 m; das Hotel Nationalpark im Innern des Parks; ein kleiner See am nordöstlichen Ende des Parks.*

Italien

Nationalpark Gran Paradiso

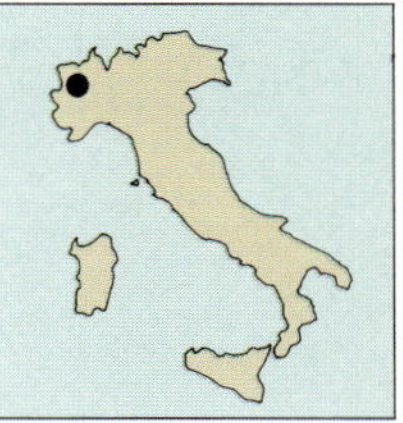

Text auf Seite 242
Der Park befindet sich im Nordwesten von Italien, an der Grenze zu Frankreich.

Eine Wiese voll von gelbblühender Bergarnika, im Hintergrund der Gipfel des Gran Paradiso.

Auf den folgenden Seiten: *ein Bergkirchlein im ersten Morgenlicht.*

Frankreich

Nationalpark Vanoise

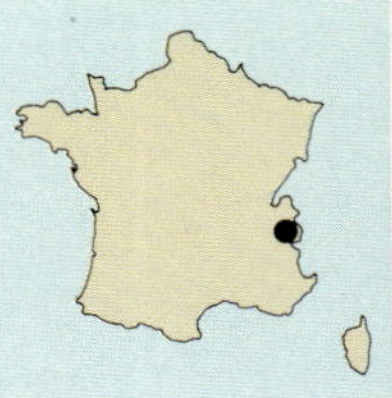

Text auf Seite 243

Die Alpen bilden die Grenze zwischen diesem französischen Park und dem italienischen Gran Paradiso. Im Vordergrund der Berg Pourri (3787 m).

Auf den folgenden Seiten: *die 3638 m hohe französische Hangseite des Albarone, an der Grenze zu Italien.*

Spanien

Nationalpark Doñana

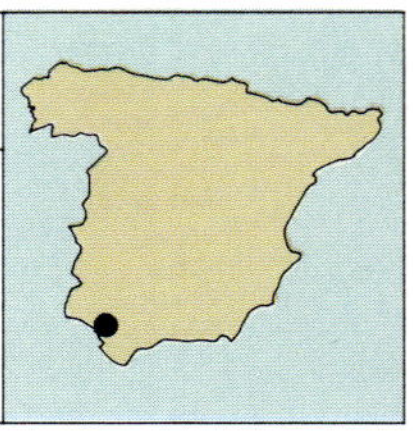

Text auf Seite 243
Der Park erstreckt sich entlang der Atlantikküste im Südwesten Spaniens; sein Gebiet reicht von den Dünen an der Küste bis zu den „marismas“ genannten Sümpfen.

Auf den folgenden Seiten: *Europas größte Dünenlandschaft mit einer Breite von 14 km.*

Spanien

Nationalpark Covadonga

Text auf Seite 243

Dieser Nationalpark liegt in der Bergregion Picos de Europa, in Nordspanien am Golf von Biskaya.

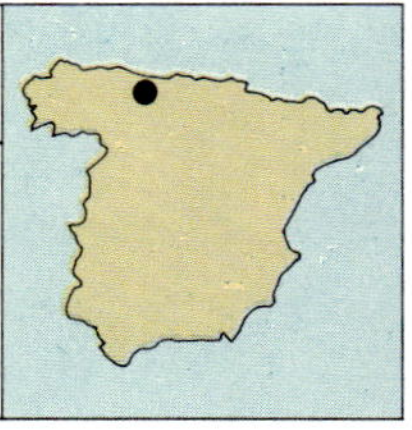

Äthiopien

Nationalpark Awash

Text auf Seite 244
Dieser Nationalpark erstreckt sich im äthiopischen Hochland östlich der Hauptstadt.

Gegenüber, oben: *das äußerste Ostende des Great Rift Valley, das Äthiopien durchschneidet.* Gegenüber, unten: *der Fluß Awash, der nach einer Strecke von 800 km in Nordostrichtung durch das Danakiltiefland in den Abbe-See mündet.*

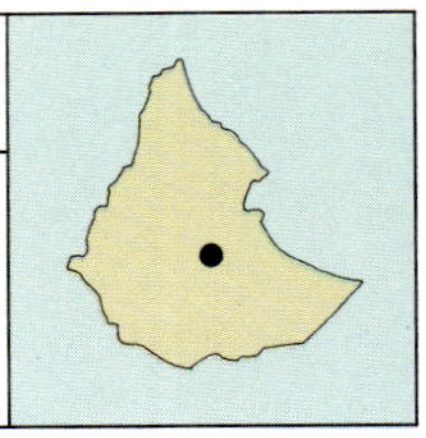

Uganda

Nationalpark Ruwenzori

Text auf Seite 244

Ein Wald von Riesenkakteen; ihre enormen Ausmaße werden im Vergleich mit der menschlichen Gestalt in der Bildmitte deutlich.

Auf der folgenden Seite: *Blick auf die Vulkane Virunga, in Zaire, die die südwestliche Grenze des Parks darstellen. Im Hintergrund der Berg Muhabra (4129 m).*

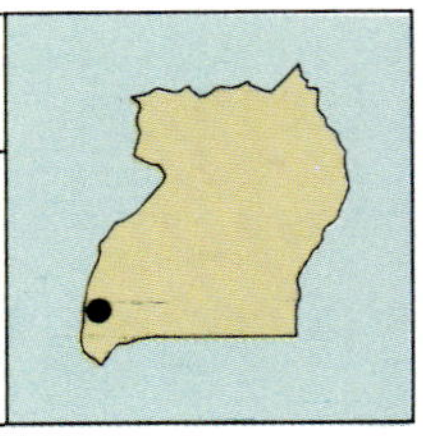

Zaire

Nationalpark Virunga

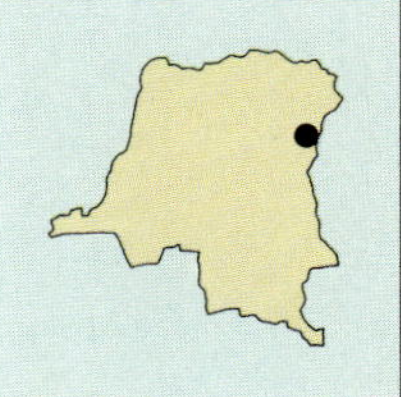

Text auf Seite 245
Die Virunga-Berge entlang der Ostgrenze von Zaire bilden einen Park von außerordentlicher Schönheit.

Auf den folgenden Seiten: *der Berg Karisimbi (4507 m) im Südteil des Parks; Lavastrom des Nyiragongo, des tätigen, „Teufelsvulkan" genannten Kraters im Süden des Parks; Panorama der Ruwenzori-Kette, von den Virunga-Bergen aus gesehen.*

Kenia

Nationalpark Lake Nakuru

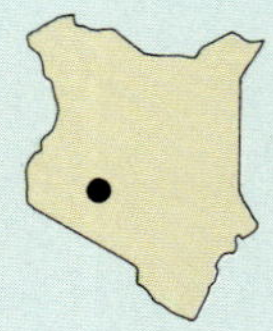

Text auf Seite 245

Der Nakuru-See mit einer Länge von ca. 9,5 km und einer Breite von 6,5 km ist das größte Vogelschutzgebiet.

Gegenüber: *In diesem Park leben ca. 400 Vogelarten, worunter die bekanntesten sicher die Flamingos sind.*

Kenia

Nationalreservat Masai Mara

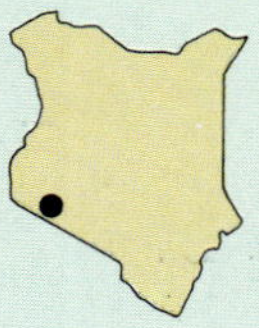

Text auf Seite 245
Der feurige Himmel bei Sonnenuntergang. Auf den folgenden Seiten: *Säugetiere verschiedener Arten zusammen an einem Wasserloch; ein Rudel Schwarzfersen-antilopen bei der Rast unter Bäumen; eine Löwin beaufsichtigt aufmerksam ihre Jungen.*

Kenia

Nationalpark Tsavo

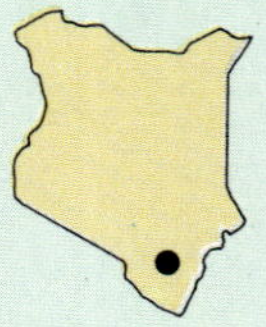

Text auf Seite 246

Tsavo ist der größte Park in Kenia und bedeckt eine Fläche von 20821 km^2, im Südosten des Landes.

Auf den folgenden Seiten: *Eine weite Fläche roter Erde mit vereinzelten grünen Flecken formt die monotone, von einem Horizont zum anderen sich ausdehnende Landschaft; die afrikanischen Büffel haben sich an dieser Stelle gesammelt, weil sie vielleicht das Wasser wittern.*

Kenia

Nationalpark Amboseli

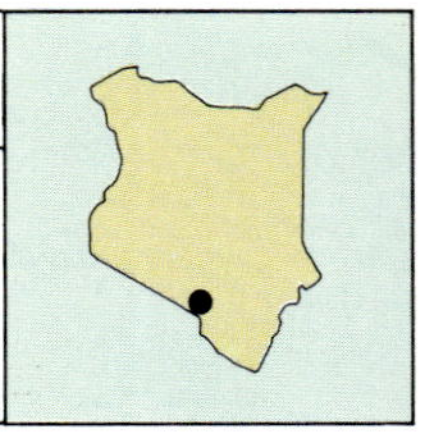

Text auf Seite 246
Dieser Park im Norden des Kilimandscharo erscheint als wahres Tierparadies.

Auf den folgenden Seiten: *Giraffen in einem Savannengelände zu Füßen eines eindrucksvollen Berggipfels; eine Herde afrikanischer Büffel in Morastgebieten.*

Tansania

Nationalpark Kilimanjaro

Text auf Seite 246

Der berühmte heilige Berg, an der Grenze zwischen dem Nordosten von Tansania und Kenia gelegen. Im Park befindet sich der höchste afrikanische Gipfel. Auf der folgenden Seite: *ein Krater in Gipfelnähe des Kibo, eines typischen Kegelvulkans; eine Eiswand in einem Gebirge am Äquatorgürtel.*

Tansania

Nationalpark Serengeti

Text auf Seite 247

Ein Rudel pflanzenfressender Tiere beim Weiden im Serengeti, dessen Name in der Sprache der Massai „endloses Grasland“ bedeutet. Auf den folgenden Seiten: *Die unermeßliche Savanne, die sich von der Küste des Indischen Ozeans ins Innere von Tansania erstreckt, bildet das natürliche Milieu des Parks.*

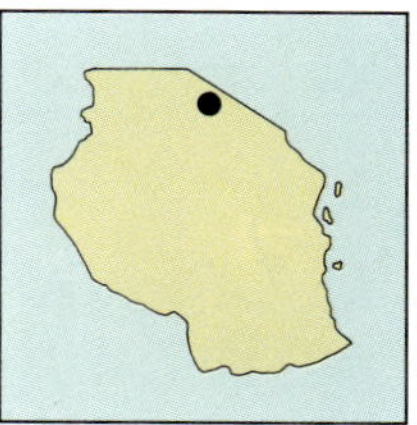

Simbabwe

Nationalpark Victoria Falls

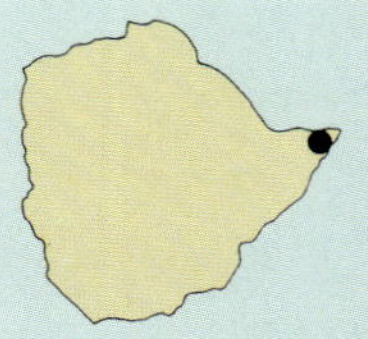

Text auf Seite 247
Das grandiose Schauspiel der Victoriafälle, die sich über einen 1700 m langen Abschnitt hinwegziehen und aus einer Maximalhöhe von 118 m herabstürzen; ihre Entdeckung verdanken sie dem berühmten englischen Forscher Livingstone, der 1855 an diesen Ort kam.

Namibia

Nationalpark Namib/Naukluft

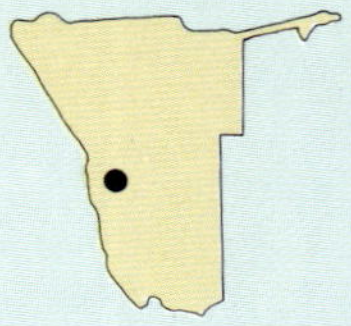

Text auf Seite 247

Dieser Nationalpark liegt im Dürregebiet der ältesten Wüste der Erde, der Namib, entlang der Atlantikküste von Namibia (früher Südwestafrika).

Rep. Südafrika

Krüger-Nationalpark

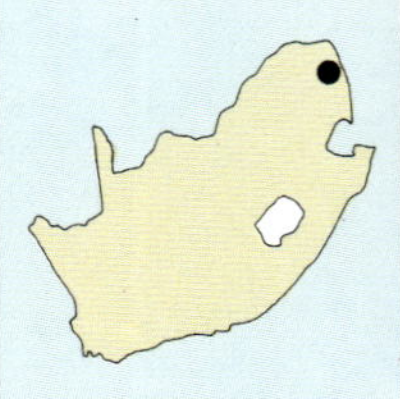

Text auf Seite 248

Die weite Fläche dieses Parks, 19.485 km², stellt ein rechtes Reich für zahlreiche Tiere dar. Gegenüber: *Die afrikanischen Büffel rasten am Ufer des Olifants, der den Mittelteil des Parks durchquert.*

Rep. Südafrika

Nationalpark Kalahari Gemsbok

Text auf Seite 248
Der Park liegt im Nordwesten von Südafrika und sein Territorium, ein Teil der Kalahari-Wüste, wird vom charakteristischen roten Sand bedeckt.
Gegenüber, oben: *ein zauberhafter Regenbogen über einem Rudel springender Antilopen.*
Gegenüber, unten: *Eine Gruppe von Gnus trifft auf ein Rudel Antilopen.*

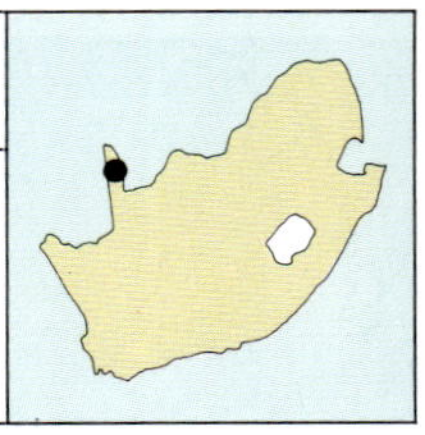

Indien

Nationalpark Corbett

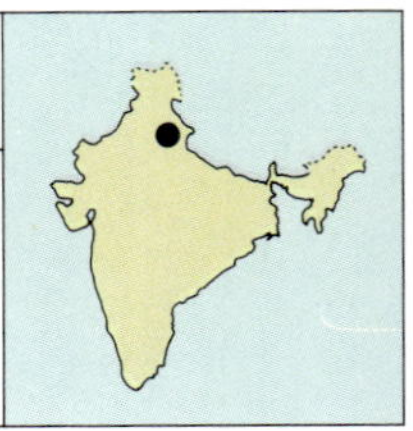

Text auf Seite 249
Dieser Park befindet sich in Nordindien, 245 km nordöstlich von Neu-Delhi und ist hauptsächlich als Habitat einer großen Zahl verschiedenartiger Wildtiere bekannt.

Auf der folgenden Seite: *Im Corbett leben ca. 50 Säugetierarten, darunter Elefanten, Panther, Wildkatzen, Schakale und Tiger.*

Nepal

Nationalpark Sagarmatha

Text auf Seite 249

Blick auf Namche Bazar, ein Ort auf 3340 m Höhe, Ausgangsbasis vieler Expeditionen auf den Mount Everest. Im Hintergrund der Berg Tamserk (6608 m). Auf den folgenden Seiten: *der Nationalpark des Himalaja, des „Dachs der Welt“. Der Ausdruck „sagarmatha“ bedeutet in nepalesischer Sprache „Kopf im Himmel“ und bezeichnet im besonderen den Mount Everest.*

Thailand

Nationalpark Khao Yai

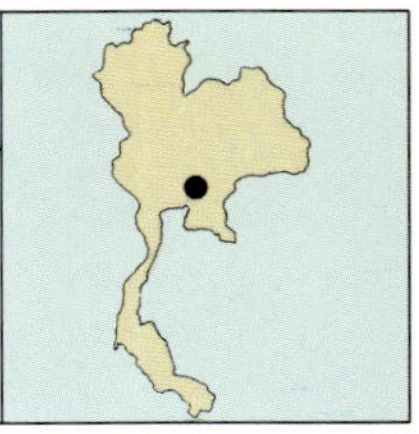

Text auf Seite 250
Der innerste Teil des Parks wird von dichten Wäldern bedeckt und bietet ein hervorragendes Refugium für eine reiche und vielfältige Fauna.

Gegenüber: *ein kleiner Wasserfall im Dickicht des üppigen Regenwaldes.*

Indonesien

Nationalpark Komodo Island

Text auf Seite 250

Gesamtansicht von Komodo, eine der Kleinen Sundainseln im östlichen Indonesien. Auf der folgenden Seite: Die Insel Komodo verdankt ihre Berühmtheit einer charakteristischen Riesenechse, die der Urzeit anzugehören scheint, dem Waran oder Komododrachen.

Korea

Nationalpark Mount Sorak

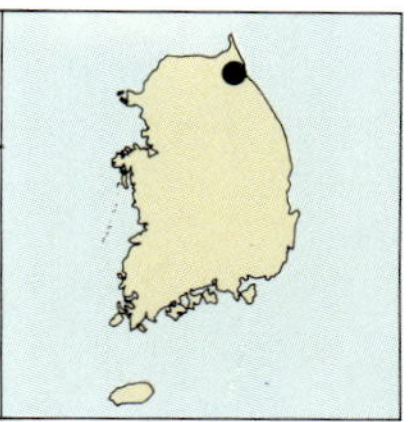

Text auf Seite 250
Der Park befindet sich am Nordostzipfel von Südkorea, zwischen den malerischen Berggipfeln und Tälern, die den Berg Sorak umgeben. Auf den folgenden Seiten: *ein Fluß im Innern des Parks; Herbst auf dem Berg Sorak, ein strahlendes Fest von leuchtendrotem Laub.*

Korea

Nationalpark Mount Halla

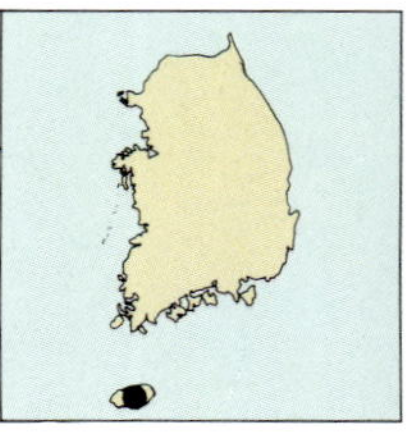

Text auf Seite 251
Rapsblüten auf der schönen Insel Cheju in der See vor der Südküste von Südkorea. Der Nationalpark liegt im Zentrum der Insel.
Gegenüber: *Der Berg Halla ist 1950 m hoch und ist der bekannteste Schildvulkan von Südkorea.* Auf den folgenden Seiten: *Teilansicht der Südküste der Insel Cheju.*

Japan

Nationalpark Fuji-Hakone-Izu

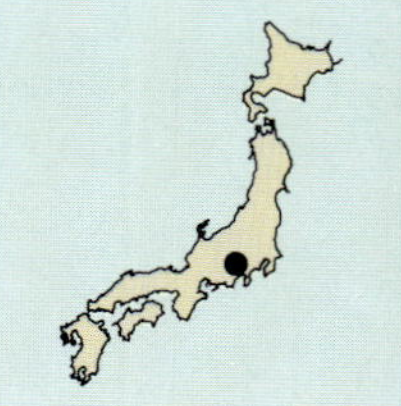

Text auf Seite 251

Die weiße Spitze des Fudschijama beherrscht die umliegende schneebedeckte Landschaft. Der vollkommen kegelförmige Vulkan wird als heiliger Ort des Shintoismus betrachtet und ist im Sommer das Ziel zahlreicher Pilgerfahrten. Das Profil des Fudschijama ist das Symbol des berühmtesten japanischen Parks.

Japan

Nationalpark Nikko

Text auf Seite 251

Ein Park von großem natürlichen und künstlerischen Interesse: Am Haupteingang erhebt sich in der Tat der eindrucksvolle Tempelkomplex aus der Tokugawa Periode.

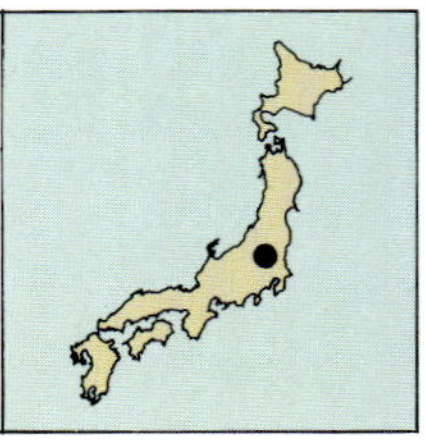

Japan

Nationalpark Aso

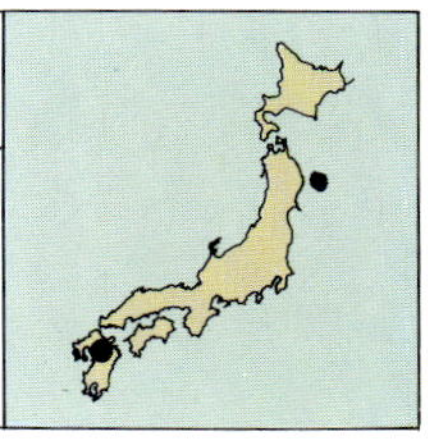

Text auf Seite 252

Das Herz des Parks bildet der tausendjährige Krater des Aso, des breitesten Vulkans der Erde. Jahrhunderte der Untätigkeit haben das Kraterbecken und seine Abhänge mit dichtem Grün bedeckt.

China

Naturschutzreservat Wolong

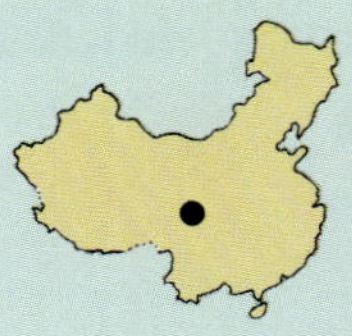

Text auf Seite 252
Ein Exemplar der Großen Pandabären, die im Reservat von Wolong leben, in einem Gebiet Zentralchinas, das mit seinen dichten Bambuswäldern den ursprünglichen Lebensraum dieser Tiere darstellt.

Gegenüber: *Das Innere des Reservats bewahrt die Atmosphäre ausgedehnter tiefer Wälder.*

Taiwan

Nationalpark Yu Shan

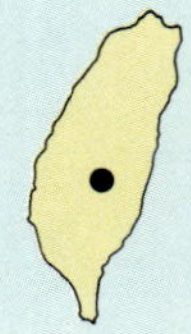

Text auf Seite 252

Der Nationalpark liegt inmitten der Taiwan Shan, der Berge, die die gesamte Insel von Norden nach Süden durchziehen. Der interessanteste Ort des Parks ist der Berg Yu Shan, der höchste Gipfel auf Taiwan.

Taiwan

Nationalpark Ken Ting

Text auf Seite 253

Der Name der Halbinsel Kaohsiung, wo der Park liegt, bedeutet „ewiger Frühling" und bezieht sich eindeutig auf das konstant milde Klima des Ortes.

Gegenüber: *Der Name des Parks leitet sich wahrscheinlich aus dem geschichtlichen Ereignis der großen Urbarmachung während der Chin Periode ab.*

Philippinen

Nationalpark Taal Volcano Island

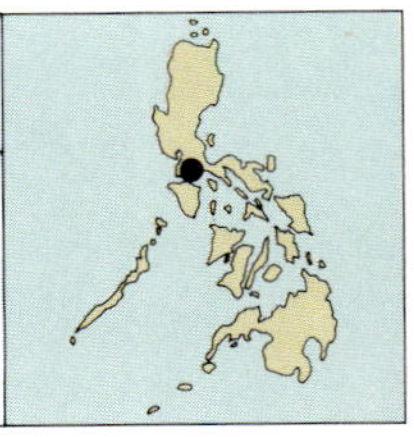

Text auf Seite 253

Der bis heute tätige Vulkan Taal ist die einzige Attraktion in diesem interessanten Nationalpark auf der Insel Luzón, 64 km südlich von Manila.

Philippinen

Nationalpark Mayon Volcano

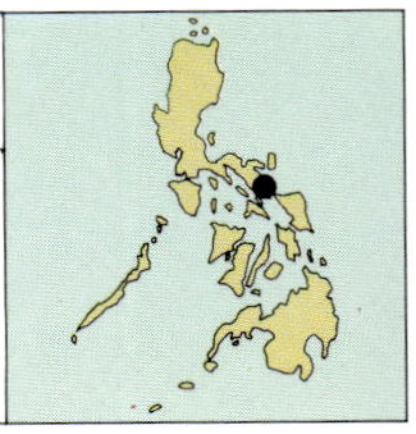

Text auf Seite 253

Dieser Park befindet sich im südöstlichen Teil der Insel Luzón; sein Kennzeichen ist der tätige Vulkan Mayon, der wegen seiner wunderbar perfekten Kegelform bekannt ist.

Australien

Nationalpark Kakadu

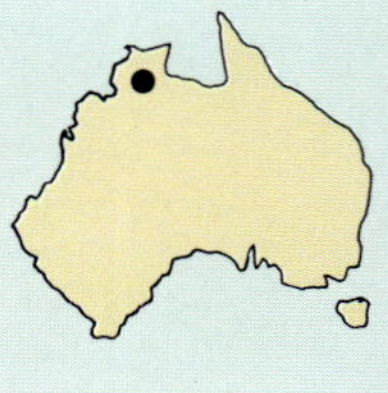

Text auf Seite 254
Dieser Nationalpark im Norden von Australien beherbergt eine große Zahl von Wildtieren und liegt in einem ursprünglich von den Aborigines bewohnten Gebiet.

Gegenüber: *ein faszinierender Sonnenuntergang am Ufer.*

Australien

Meerespark Großes Barriereriff

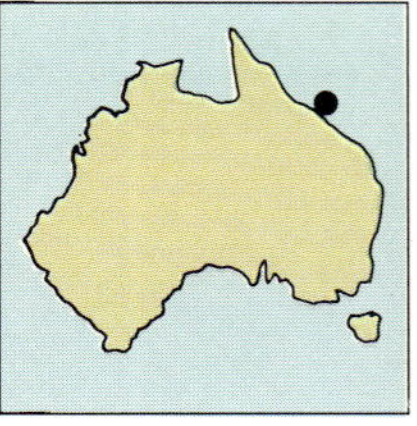

Text auf Seite 254

Der Park von Green Island ist einer von mehreren Nationalparks im Gebiet des Großen Barriereriffs, des ausgedehntesten Korallenriffs der Erde.

Gegenüber: *Die Gewässer des Parks wimmeln von Fischen und anderen Meerestieren, die sich häufig in den Korallenablagerungen ansiedeln.*

Australien

Nationalpark Hamersley Range

Text auf Seite 255

Ein Blick aus der Luft auf das Gebiet der Hamersley Berge im Nordwesten Westaustraliens.

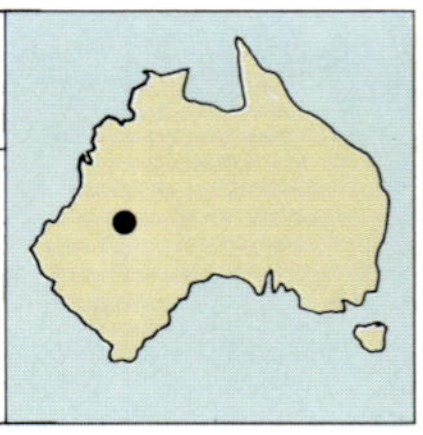

Australien

Nationalpark Uluru

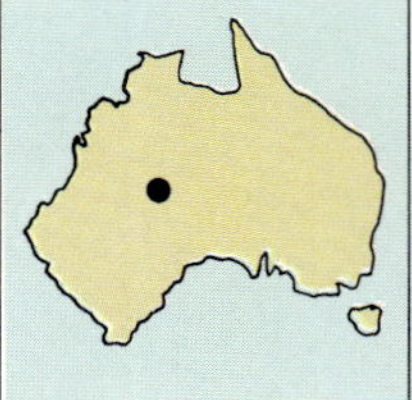

Text auf Seite 255

Ayers Rock, der größte monolithische Block der Erde, erhebt sich wie ein Wachposten mitten in der Wüste; der Park befindet sich in der Südwestecke des australischen Nordterritoriums.

Australien

Nationalpark Nambung

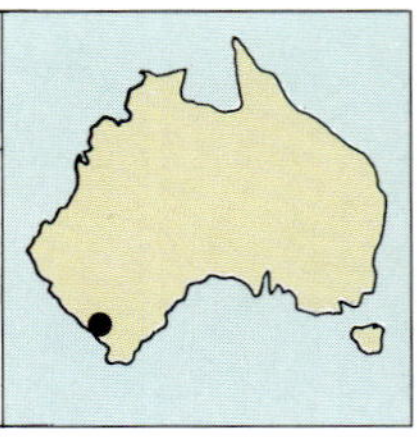

Text auf Seite 255
Der Park erstreckt sich längs der Küste des Indischen Ozeans, in Westaustralien und ist vor allem wegen seiner eigenartig geformten Felsgrate bekannt.
Gegenüber, oben: *Diese Felsformationen wurden erst in den fünfziger Jahren von den Weißen entdeckt.* Gegenüber, unten: *Die Felsgrate erreichen unterschiedliche Höhen, manche sind über 5 m hoch.*

Australien

Nationalpark Flinders Ranges

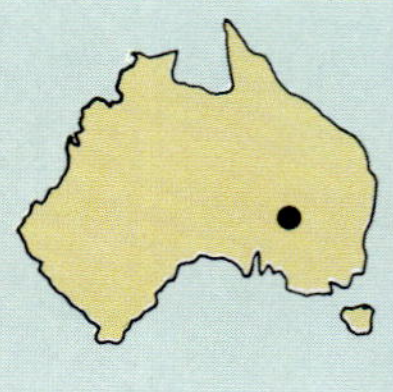

Text auf Seite 256

Dieser Park, in Südaustralien gelegen, hat seinen Namen von der im Foto abgebildeten Berggruppe Flinders.

Auf der folgenden Seite: *Dieses Territorium scheint in früheren Zeiten von Stämmen der Aborigines bewohnt gewesen zu sein; Wilpina Pound, ein Synklinalbecken von der Form eines antiken Grabhügels.*

Australien

Text auf Seite 256

Nationalpark Blue Mountains

Die Berge und Täler dieses Parks sind von Eukalyptusbäumen bedeckt und bilden das Reich der berühmten und sehr beliebten Koalas.

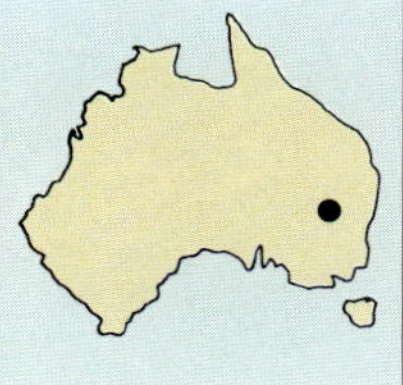

Australien

Nationalpark Kosciusko

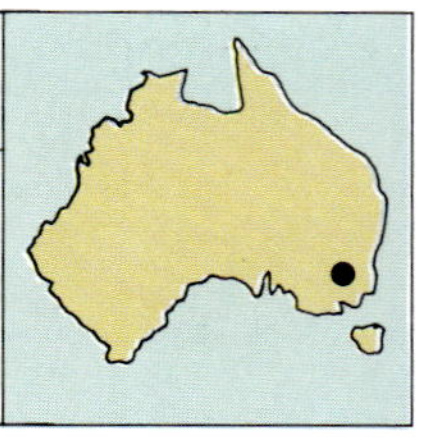

Text auf Seite 256

Dieser Nationalpark dehnt sich zwischen den Snowy Mountains aus, unweit der Hauptstadt Canberra; auf seinem Gebiet liegt der höchste Berg Australiens, der Kosciusko (im Hintergrund), dessen Gestalt einer Hochebene sehr nahe kommt.

Australien

Nationalpark Port Campbell

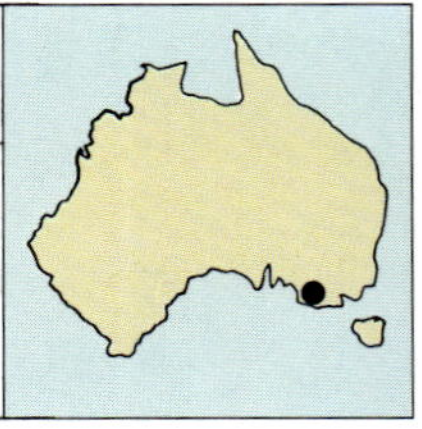

Text auf Seite 257

Der Park windet sich entlang der Küste des Staates Victoria im Südosten von Australien und ist wegen seiner Felsformationen bekannt, die das Meerwasser zu seltsamen Erosionsgebilden modelliert hat. Das Foto zeigt den wundervollen Felsen „London Bridge".

Australien **Nat.-park Cradle Mountain-Lake St. Clair**

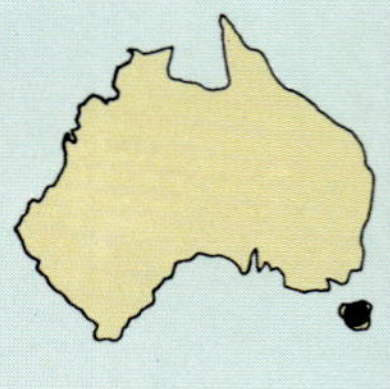

Text auf Seite 257
Der Gipfel des Barn Bluff (1559 m), der über die üppige Vegetation dieses Nationalparks von Tasmanien herausragt. Gegenüber, oben: *Die Jachea laurina, eine Pflanze, die das gesamte Sumpfgebiet bedeckt (links); wundervolle Immortellen (rechts).*
Gegenüber, unten: *Sonnenschein über dem See St. Clair, der ca. 200 m tief ist.*

Neuseeland

Nationalpark Egmont

Text auf Seite 257

Der zauberhafte Kontrast, den die subtropische Vegetation am Fuß des schneebedeckten Vulkankegels des Berges Egmont auf der Nordinsel Neuseelands bildet.

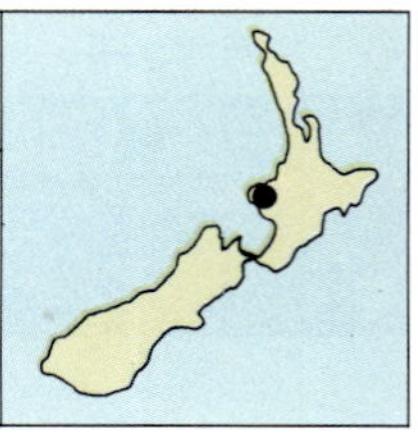

Neuseeland

Nationalpark Mount Cook

Text auf Seite 258

Auf dem Territorium dieses Parks in den Alpen der Südinsel von Neuseeland liegt der höchste Gipfel des Landes, der Mount Cook (3764 m).

Neuseeland

Nationalpark Fiordland

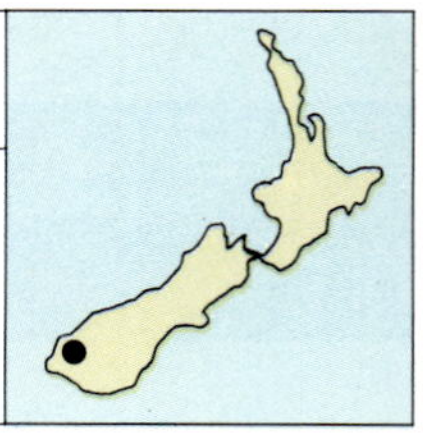

Text auf Seite 258

Der Milford Sound, der berühmteste und charakteristischste Fjord des Nationalparks. An dieser Stelle erreicht die Bucht eine Tiefe von 396 m.

Nationalparks in Nordamerika

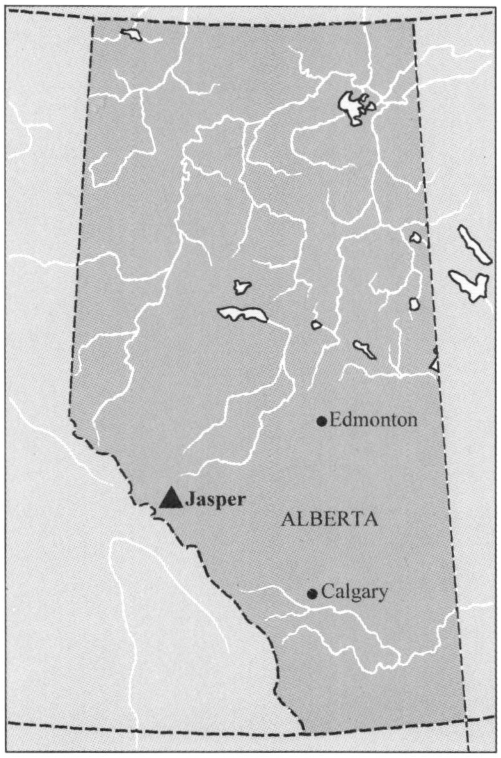

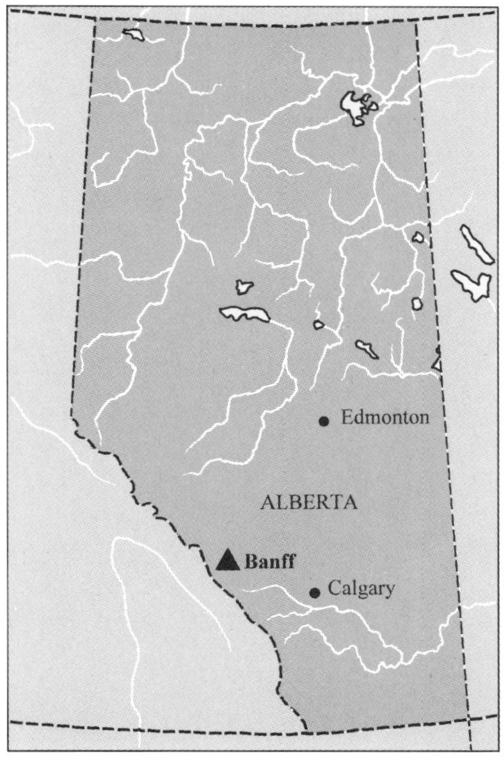

Nationalpark Jasper

Ein Park mit riesigen Dimensionen, von Gletschern und hohen Bergen umgeben; er erstreckt sich über 10.880 km² im Südwesten des Staates Alberta und umfaßt in seinem Territorium einen weiten Zug des Ostabhangs der kanadischen Rocky Mountains. Er liegt etwa 370 km entfernt von Edmonton, der Hauptstadt des Staates, mit der er durch die Fahrstraße Nr. 16 verbunden ist. Von Edmonton ist der Park überdies auf der Schiene erreichbar, mit dem Zug der Canadian Transcontinental Railway, der einmal am Tag verkehrt oder mit lokalen Fluglinien (ca. 1 Stunde) oder Bussen (ca. 5 Stunden). Man kann diesen Park zu jeder Jahreszeit besuchen; seine touristische Infrastruktur verfügt über zahlreiche Unterkunfts- und Campingmöglichkeiten.
Das Klima zeichnet sich durch eine mittlere Januartemperatur von -12,2 °C aus, mit Spitzenwerten von 15,6 °C im Juli und einer jährlichen Niederschlagsmenge von 508 mm. Jasper hat eine recht junge Geschichte. Erst zwischen dem 18. und der ersten Hälfte des 19. Jahrhunderts gelang es Gruppen von Jägern und Fellhändlern, in dieses unwegsame Gebiet einzudringen. In der Tat stammt der Name des Parks von Jasper Horse, dem Leiter eines Handelsplatzes, der von den wenigen Bewohnern der Gegend besucht wurde. In der zweiten Hälfte des 19. Jahrhunderts, nach dem Niedergang des Pelzhandels, suchte niemand mehr dieses Gebiet auf, und die eigentliche Entdeckung seiner intakten und erstaunlichen Natur begann erst 1907, mit der Gründung des Nationalparks.
Die kanadische Pazifikbahn trug beachtlich dazu bei, diese Örtlichkeiten weithin bekanntzumachen. Die Landschaft von Jasper zeigt den typischen Gebirgscharakter mit Höhen zwischen 1000 m und den 3747 m des Mount Columbia; sie zeichnet sich durch enge, tiefliegende Täler, Schluchten und eiszeitliche Seen von verschiedener Größe aus, zu denen die hohen Berge, die ein Sechstel des Territoriums ausmachen, und die ausgedehnten Gletscher einen majestätischen Hintergrund bilden; allein der Columbia im gleichnamigen Massiv hat eine Fläche von ca. 300 km².
Durch den Park fließt der Athabasca, dessen Wasser zur eindrucksvollen Entwicklung der umgebenden Flora wesentlich beiträgt.
Je nach der Änderung von Klima und Milieu wechselt die Vegetation von dichten Nadelwäldern zu Heidekraut und zu der typischen Alpenflora, die in den hochgelegenen Prärien vorherrscht. So erweist sich der Jasper-Park wegen seiner wilden, üppigen Natur als optimaler Lebensraum für zahlreiche Tierarten, wie den amerikanischen Schwarzbär oder Baribal, einen Waldbewohner, für den Grizzly, den Elch, das Karibu, das Dickhornschaf und die Bergziege, das Murmeltier und den Hasen, die alle vorwiegend auf den Hochebenen leben. Der Park beherbergt auch 260 Vogelarten, unter ihnen den Königsadler und das Schneehuhn.

Nationalpark Banff

Der Banff Park, im Staat Alberta gelegen, bedeckt eine Fläche von 6641 km² und schließt einen Teil der kanadischen Rocky Mountains ein. Im Norden grenzt er an den Jasper Park, dem er ähnelt, auch wenn seine Landschaft vielleicht einen weniger wilden Charakter aufweist.
Das Schutzgebiet liegt nur 130 km von Calgary entfernt, und dies erlaubt leichte Zugangsmöglichkeiten mit verschiedenen Mitteln: mit dem Auto oder Bus auf dem Trans Canadian Highway (etwa 2 Stunden), mit dem täglichen Zug der Canadian Transcontinental Railway oder mit lokalen Flügen von Calgary oder Vancouver.
Der Park ist das ganze Jahr über für Besucher geöffnet und ist sehr gut organisiert; es besteht sogar Gelegenheit, Räder für Ausflüge zu mieten. Im Innern liegt die Stadt Banff, in deren Hotels zur kältesten Jahreszeit zahlreiche Wintersportler Aufnahme finden; die Unterkünfte belaufen sich auf über 3000 Zimmer in verschiedenen Lokalitäten, und dazu stehen 3200 Campingplätze bereit. Die örtlichen Temperaturen liegen zwischen -12,2 °C im Januar und 15,6 °C im Juli, bei einem jährlichen Niederschlagsmittel von etwa 508 mm.
Im vorigen Jahrhundert erreichte diese Region eine gewisse Berühmtheit wegen der Entdeckung eines Thermalgebiets, was zum Beginn eines Kommerzialisierungsprozesses führte und mit der ernsten Gefahr einer Zerstörung der natürlichen Schönheit des Ortes einherging.
Diese Ereignisse bewirkten 1885 die Einrichtung eines ersten Schutzgebietes von 26 km².
Die Landschaft ist durch hohe, gezackte Berggipfel gekennzeichnet, viele davon mehr als 2500 m hoch, durch tiefe Täler und herrliche, während der Eiszeit entstandene Seen.
Unter den berühmtesten der Louise-See, "Edelstein der Felsen" genannt, von Nadelwäldern umgeben und überragt vom Victoria-Gletscher, der sich in seinen Wassern spiegelt. Dies ist zweifellos die berühmteste Stelle im Park, von der 64 km entfernten Stadt Banff aus mit einem fahrplanmäßigen Busdienst leicht zu erreichen. Einige Seen, wie der Minnewanka, sind nicht nur wegen ihrer bezaubernden Szenerie bekannt, sondern auch als hervorragende Angelgebiete.
Folgt man einem der eigens angelegten Pfade, taucht man in die reiche Vegetation dieses von ausgedehnten Nadelwäldern beherrschten Geländes ein, mit einer Fülle von Tannen- und Kiefernarten und - in geringerer Höhe - Pappeln und Ahornbäumen.
Die Bergregion ist der Lebensraum vieler Tierarten wie Grizzly, Schwarzbär, Elch, Wapitihirsch sowie Dickhornschaf, Wolf, Kojote, Luchs und Fuchs.
Letztere werden häufig auch in Campinggebieten und an Straßen gesichtet. Einige Vogelarten, wie Specht und Eichelhäher, bleiben das ganze Jahr über am Ort, andere, wie der Adler, ziehen fort.

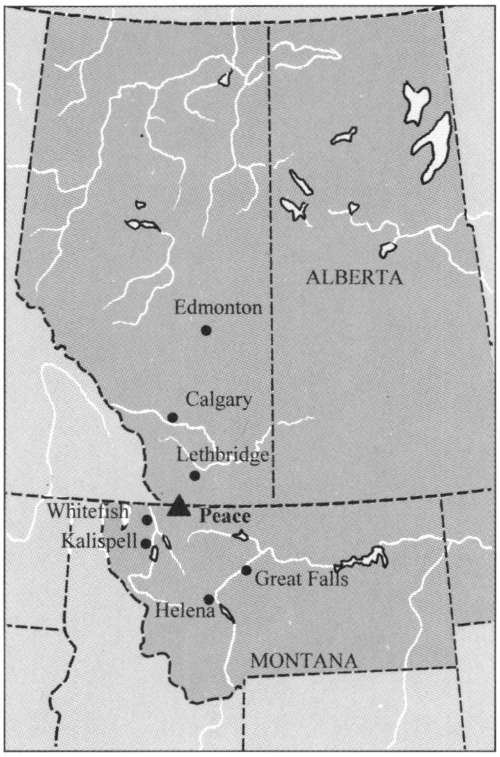

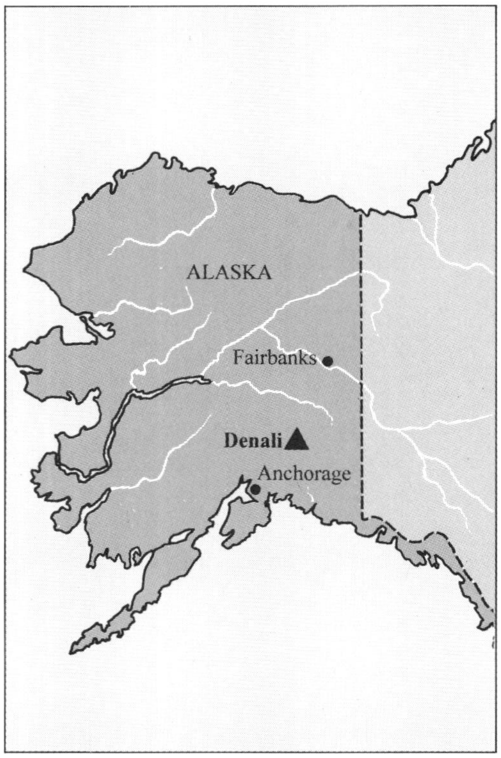

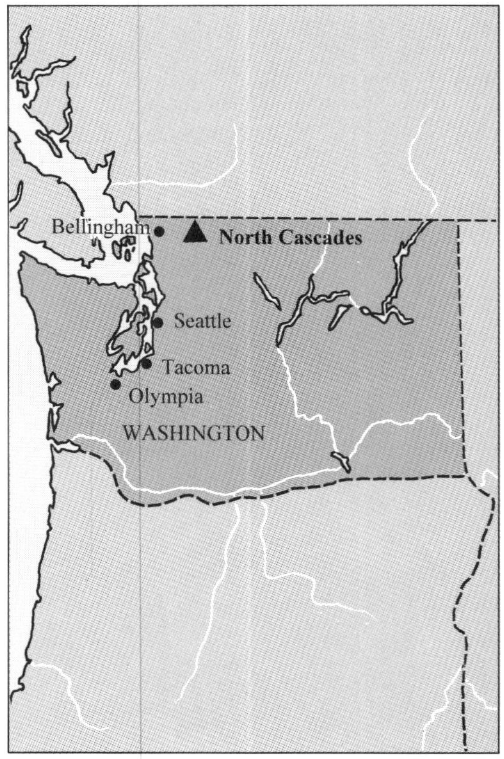

Internationaler Park Peace

Der internationale Peace Park erstreckt sich von Montana (USA) bis Alberta (Kanada) über 4626 km^2; er ist aus der 1932 erfolgten Zusammenlegung zweier bereits existierender Parks hervorgegangen: aus dem zu den USA gehörenden Glacier, der 90% der Fläche einnimmt, und dem Waterton, der Teil des kanadischen Territoriums ist. Die Zugänge zu diesem Gebiet befinden sich daher in beiden Staaten. Das Gelände des Waterton ist von Lethbridge aus (130 km entfernt) auf der Staatsstraße Nr. 5 im Auto oder mit den Greyhoundbussen zu erreichen; es gibt auch reguläre Flüge von Vancouver nach Calgary und Lethbridge (ca. 3,5 Stunden) und eine Zugverbindung von Vancouver nach Calgary. Der amerikanische Parksektor liegt 52 km von Kalispell entfernt und ist über die Staatsstraße Nr. 2 damit verbunden; außerdem ist er von Seattle und Chicago aus direkt mit den Zügen der Amtrack zu erreichen. Nach Seattle und nach Kalispell gibt es Inlandflüge von Greatfalls und Los Angeles. Der Park verfügt über gute Unterkunftsmöglichkeiten und über eine ganzjährig geeignete Ausstattung für Touristen. Die Temperaturen auf kanadischem Gebiet erreichen im Winter -9,4 °C und im Juli, dem wärmsten Monat, einen Mittelwert von ca. 17 °C; die mittlere Jahrestemperatur des Glacier liegt bei 4 bis 6 °C. Die reichlichen Niederschläge schwanken nicht nur zwischen dem Waterton (Jahresmittel: 920 mm) und dem Glacier (480 bis 2.500 mm jährlich), sondern vor allem zwischen dem Gebiet im Westen der Rocky Mountains und dem im Osten, das vor den vom Pazifik kommenden feuchten Strömungen geschützt ist.
Das Territorium des Parks wurde lange Zeit ausschließlich von Indianerstämmen bewohnt, und bis zur zweiten Hälfte des 19. Jahrhunderts gelangten als einzige Weiße nur wenige Pelztierjäger hierher.
Ab 1858 jedoch - als Folge der ersten Forschungsexpedition in diese Gebiete - begann der große Zustrom von Pionieren auf der Suche nach Gold, Holz, Weideland und, gegen Ende des Jahrhunderts, nach Petroleum. All dies trug zum Aufkommen eines breiten Meinungsumschwungs zugunsten der Rettung der Umwelt dieses Gebiets bei, was schließlich in der Gründung der Parks gipfelte, Waterton 1895, Glacier 1910. Die Vegetation des Parks besteht zum großen Teil aus Nadelgehölzen und einer alpinen Flora mit Enzian und Schneelilie.
Das Gelände bildet eine ununterbrochene Abfolge von Ebenen und steilen Felswänden, wo die für die jeweilige Umwelt typische Flora und Fauna in engem Kontakt zueinander stehen. Über 60 Säugetierarten besiedeln diese Territorien, darunter Grizzly, Schwarzbär, Wapiti, Hirsch; im Spätherbst ist an vielen Stellen im Park auch das Echo der lautstarken Kämpfe der Dickhornschafe zu hören. Hier haben auch viele Vögel ihren Lebensraum, Rebhühner, Drosseln, Raben und Weißkopfadler, eine Art, die in den USA im Aussterben begriffen ist.

Nationalpark Denali

Ein Park in den Bergen Alaskas, mit einer Fläche von 24.413 km^2, einschließlich des Bergmassivs des Mount McKinley, der mit seinen 6193 m der höchste Berg des nordamerikanischen Kontinents ist. Die nächsten Städte sind Fairbanks und Anchorage, in einer Entfernung von 193 bzw. 385 km, miteinander verbunden durch die Regionalstraße Nr. 3, die über Denali führt. Von den beiden Städten aus gibt es lokale Direktflüge zum Park und täglich verkehrende Züge. Nur im Sommer organisiert die Motorcoach Company eine Buslinie nach Denali. Der Park bietet reichlich Unterkünfte und Campingplätze, von denen einige frei sind, jedoch nur für einen Aufenthalt von maximal 14 Tagen. Es gibt Gratisausflüge für Touristen mit Bus, Flugzeug oder Helikopter. Der größte Teil des Parks ist nur im Zeitraum vom 25. Mai bis 1. Oktober geöffnet, da die Temperaturen im Winter extrem niedrig liegen (-22/-12 °C) und es zwischen September und April häufig schneit (100/400 mm).
Im Sommer variiert die Temperatur zwischen 5,6 °C und dem Höchstwert von ca. 19 °C. Die jährlichen Niederschläge erreichen bis zu 381 mm. Dieser Park wurde 1917 als Mount McKinley Nationalpark in der Folge zweier wissenschaftlicher Expeditionen gegründet, die von Sheldon geleitet worden waren und das Ziel hatten, die großen Säugetiere dieser Gegend zu erforschen und unter Schutz zu stellen. 1980 bekam der Park seinen jetzigen Namen, der in der Sprache der dort lebenden Indianer "Hoher Berg" bedeutet.
Dem ursprünglichen Ausdehnungsgebiet wurden neue Territorien, einige davon besiedelt, hinzugefügt. Auf diese Weise wurden auf der Basis ihrer Schutzbestimmungen zwei Zonen unterschieden: ein vollständig geschützter Bereich und ein besiedelter Bereich mit einer auf die Bewohner beschränkten Jagderlaubnis. Außer durch das Alaska Range Gebirge ist die Landschaft durch ausgedehnte Gletscher, Seen, Flüsse, Täler und die eiszeitlich bedingten Moränen geprägt. Im Innern des Parks liegen einige noch tätige Vulkane, und es gibt häufig Erdbeben.
Das subarktische Klima des Gebiets begrenzt die Verbreitung von Nadelholzwäldern auf eine Höhe von 800 m, wobei Zwergbirken und Tannen vorherrschen, aber auch das Vorkommen von Laubgehölzen auf die Täler mit kiesigerem Grund. Oberhalb der Wälder breitet sich die fast ganzjährig gefrorene Tundra aus, wo Moose, Flechten und ca. 430 Arten von Blütenpflanzen des Hochgebirges wachsen. Im Park leben etwa 200 Karibuherden und weitere 37 Arten von Säugetieren verschiedener Größe, darunter Elch, Bergschaf, Grizzly, Fuchs, Luchs, Biber, Eichhörnchen, Wiesel, Stachelschwein, Hase und Lemming.
Die Vögel werden von 157 Arten repräsentiert; es gibt dort Raben, Elstern, Rebhühner, die im Park ihren Standort behalten, aber auch Zugvögel.

Nationalpark North Cascades

Der Park liegt zentral im Norden des Staates Washington, im nördlichen Teil der Cascade-Berge. Das rauhe Gebiet von 2043 km^2 ist nicht sehr bekannt, da der Zugang immer noch Schwierigkeiten bietet. Die Regionalstraße Nr. 20 durchquert das Zentrum des Parks und erlaubt die Autoverbindung zum 200 km entfernten Seattle; von dort aus ist es auch möglich, mit Flugzeug oder Bahn in die Nähe des Parks, nach Bellingham, zu kommen.
Da der North Cascades Park kein touristisch genutztes Gebiet ist, hat er im Innern keine Hotels oder Campingplätze; die Öffnung für Besucher beschränkt sich auf den Zeitraum zwischen April und Mitte Oktober. Das Klima ist stark unterschiedlich, ziemlich mild im Innern, kalt und regnerisch (279C mm im Jahr) entlang der Pazifikküste; der innere Teil im Oster wird in der Tat durch die natürliche Barriere des Cascade Range vor den ozeanischen Störungsausläufern geschützt, die jährlichen Niederschläge liegen bei ca. 850 mm.
Die Schneefälle, die im inneren Bergland jährlich 2770 mm betragen, erreichen im Westen des Parks 13.110 mm und tragen so zu der anhaltenden Gletscherbildung bei. Zwischen 1924 und 1929 ließ die Stadtverwaltung von Seattle zu Schaffung von Staubecken für die Stromgewinnung dre Dämme am Fluß Skagit bauen; dadurch wurde der Park in einen nördlichen und einen südlichen Sektor unterteilt, die nur durch den North Cascades Highway verbunden werden.
1926 brach in einem Tal des Parks, im Tal des Großen Bibers ein schrecklicher Brand aus, der von Juli bis zu den erste Schneefällen im Oktober dauerte und dabei 1600 km Laubwald vernichtete.
Als im darauffolgenden Frühjahr die Vegetation wieder zur Vorschein kam, bemerkte man ein seltsames Phänomen Zusammen mit Laubbäumen wuchsen auch Tannen empo 1968 wurde diese Region zum Nationalpark erklärt, um sie vo der Abholzung zu schützen.
Charakterisiert wird dieses Territorium - außer durch di steilen Berge - vor allem durch seine 318 Gletscher, die ei Drittel der amerikanischen Gletscher (Alaska ausgenommen darstellen und alle einen Namen haben: Price, White Salmo Crystal, um nur die bekanntesten zu nennen. Im Park ist häufi das Getöse zu hören, das bei ihrem Herabfließen durch d Kanäle und Täler entsteht.
Andere Formationen der Landschaft sind wegen ihres gro artigen Anblicks berühmt: die grauen Felsen, die unvermitte aus den Wäldern aufragen, der unwegsame Forbidden Pea der Berg Shuksan (2782 m), und auch die in der Eiszeit er standenen Seen, wie der Ross-See und der Chelan.
Da die Vegetation des Parks der klimatischen Unterschie lichkeit entspricht, ergibt sich daraus ein wundervoller Far kontrast, bei dem das üppige Grün des westlichen Gebie neben den Brauntönen der östlichen Teile steht.

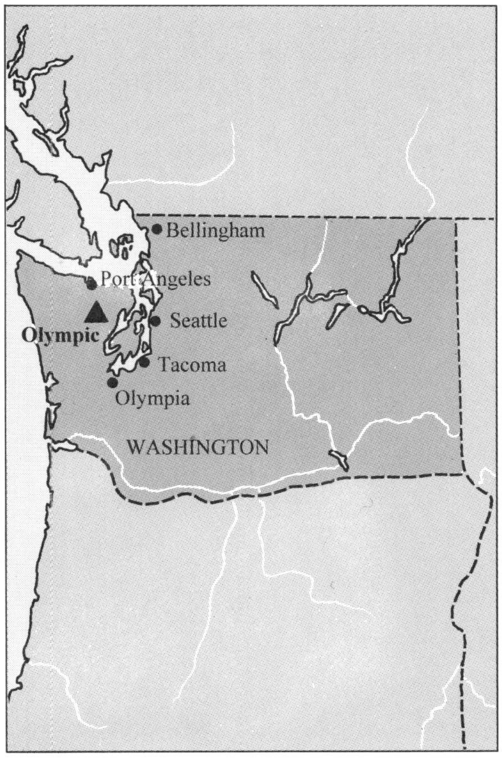

Nationalpark Olympic

In der äußersten Nordwestecke des Staates Washington gelegen, erstreckt sich der Park auf der gleichnamigen Halbinsel über 3731 km^2, von der zerklüfteten Küstenlinie bis zu den Bergen im Innern.
Von der Stadt Port Angeles kann man - auch mit Bussen der Greyline - nach 30 km auf der Staatsstraße Nr. 101 den Eingang zum Park erreichen. Flugzeug und Bus verbinden das 144 km entfernte Seattle mit Port Angeles.
Der Olympic Park ist ganzjährig geöffnet und mit Unterkünften und Campingplätzen ausgestattet; in den Bergregionen sind zahlreiche Pfade ausgewiesen, die in der milden Jahreszeit Wanderungen und Klettertouren ermöglichen; in der kalten Jahreszeit wird dasselbe Gebiet von Wintersportlern aufgesucht. Im westlichen Teil ist das Klima gemäßigt und feucht mit einer jährlichen Niederschlagsmenge von ca. 3390 mm, im östlichen inneren Teil ist es trockener.
Die ersten Weißen, die in den Küstengebieten dieses von jeher sehr dünn besiedelten Territoriums lebten, waren französische Jäger und Holzfäller, die ab der Mitte des 18. Jahrhunderts dorthin kamen.
Die Gebirgsregion blieb hingegen noch lange unerforscht, bis zum Jahr 1890, als eine Expedition von fünf Journalisten die örtliche Geographie bekanntmachte und zum ersten Mal auf den Karten den Berg Olympus verzeichnete. Seit 1909 ist die Region ein Schutzgebiet für den Wapiti, den großen Hirsch mit braunem, auf dem Rücken heller gefärbtem Fell und mit starken Hörnern, der bis dahin wahllos gejagt worden war.
1938 wurde der zentrale Teil des Territoriums vom Präsidenten der Vereinigten Staaten, Franklin D. Roosevelt, zum Nationalpark erklärt, während der Küstenstreifen (Queets Corridor und Olympic Ocean Strip) erst später, 1953, in einer erneuten Proklamation des Präsidenten angeschlossen wurde.
Das Panorama ist sehr vielgestaltig und wild, sei es wegen der Beschaffenheit des Terrains, das sich von den niederen Küstengebieten bis zur Bergkette des Olympus (2424 m) erhebt, durchzogen von tiefen Tälern und bedeckt von etwa 60 Gletschern, sei es wegen der Vielfältigkeit der Fauna und Flora. Auf einer Strecke von nur 30 km gelangt man von den Algenwäldern der Buchten zu den feuchten und üppigen Wäldern von einzigartig tropischem Charakter, in denen die häufig mit einem Gewirr von Kletterpflanzen bedeckten Ahornbäume vorherrschen und wo Farne und Moose einen undurchdringlichen Unterwuchs bilden.
In höheren Lagen weicht dieser Vegetationstyp Nadelgehölzen, vorwiegend Tannen, Thujen und Bergwiesen.
Außer den großen amerikanischen Säugetierarten wie Bären, Hirsche, Pumas und Elche, leben im Park auch Bergziegen und graue Murmeltiere.
An der Küste kann man bereits in 15 m Entfernung vom Ufer Seehunde und sogar Wale beobachten.

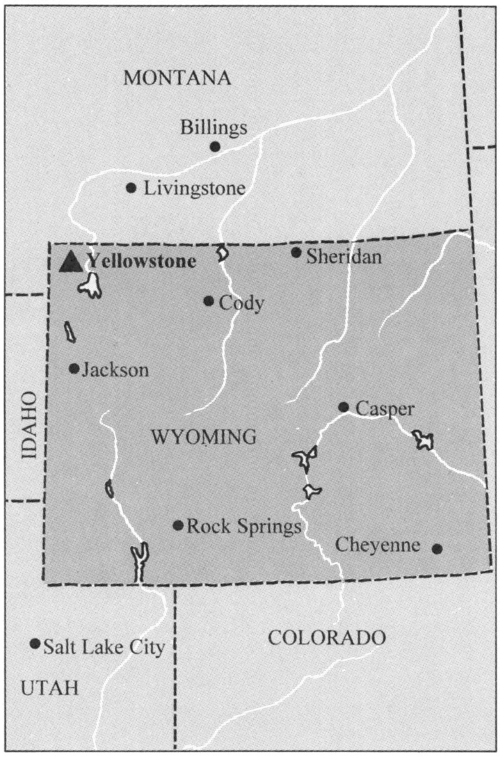

Nationalpark Yellowstone

Der erste Nationalpark der USA und der ganzen Welt; zum größten Teil in Wyoming gelegen, erstreckt er sich in kleinen Bereichen auch nach Montana und Idaho.
Das Gebiet mit einer Fläche von 8980 km^2 umfaßt einen breiten Abschnitt der Rocky Mountains und das Tal des gleichnamigen Flusses.
Zahlreiche Staatsstraßen verbinden den Park mit den wichtigsten Städten in der Nähe: die 89 von Livingstone zum Nordeingang (90 km), die 14 und die 20 von Cody zum Osteingang (80 km), die 287 und die 89 von Jackson zum Südeingang (92 km), die 219 von Billings zum Nordosteingang (320 km) und die 191 von Idaho Falls zum Westeingang.
Zum West Yellowstone kann man mit Flugzeug oder Bus direkt von Salt Lake City gelangen.
Die Bahn fährt hingegen bis Jacksonville. Der Park kann zu jeder Jahreszeit zahlreiche Besucher aufnehmen; die Fortbewegung im Innern wird durch ca. 500 km lange, asphaltierte Straßen gewährleistet, und wenn diese von Oktober bis Mai wegen des Schnees geschlossen sind, bleibt der Besuch auf Skiern oder mit spezieller Ausrüstung stets möglich.
Die jährlichen Niederschläge, im wesentlichen als Schnee, liegen bei 635 mm, die Temperatur bewegt sich von -7,7 °C im Januar bis 16,9 °C im Juli. Der erste Weiße hat seinen Fuß vermutlich vor 1850 in diese Region gesetzt; danach kamen Jäger und Abenteurer.
Zwischen 1869 und 1872 wurden vier Expeditionen durchgeführt, die den Kongreß der USA dazu veranlaßten, ein vom Präsidenten Grant unterzeichnetes Gesetz zur Gründung von Nationalparks zu erlassen: Der Yellowstone war der erste, dem dies noch im selben Jahr zugute kam.
Die natürliche Szenerie umfaßt hohe Gebirge mit über 3000 m hohen Gipfeln, Schluchten mit Bächen und Wasserfällen, weite Hochebenen mit den Flüssen Snake und Yellowstone, der in seinem Verlauf den gleichnamigen großen See bildet, außerdem Vulkane, Sümpfe und Thermalgebiete, wie die berühmten heißen Quellen von Mammoth Hot Springs, eine grandiose Abfolge von stufenartig übereinander liegenden Travertinbecken zwischen Tausenden von Stalaktiten.
Die größte und bekannteste Attraktion bilden jedoch die über 200 Geysire, vor allem die berühmtesten wie der Castle und der Old Faithful, die ihre heißen Wassersäulen über 40 m hochschleudern. 88% dieses Gebiets sind von dichten Wäldern, hauptsächlich Nadelwäldern bedeckt - der Park beherbergt lediglich 11 Baumarten - sowie von üppigem Unterholz aus Stauden und Moosen.
Auf den Lichtungen leben Bisons, Wapitis, Hirsche und Elche, in den felsigeren Regionen finden sich Dickhornschafe.
Der Yellowstone bietet auch das Habitat für Puma, Schwarzbär, Grizzly, Murmeltier und ca. 200 Vogelarten, vom Reiher bis zum Pelikan und zum großen amerikanischen Seeadler.

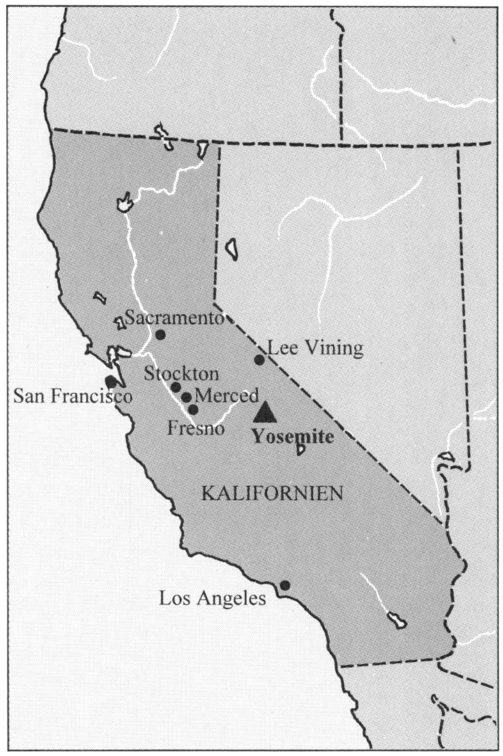

Nationalpark Yosemite

Der Park liegt im Zentrum der Sierra Nevada in Kalifornien, 320 km von San Francisco entfernt. Seine Fläche von 3081 km^2 schließt das Yosemite Tal ein, das - im Gegensatz zur weitverbreiteten Auffassung - nur 1,1% des Territoriums ausmacht.
In weniger als 150 km Entfernung liegen die Städte Merced, Fresno und Lee Vining, von denen aus der Park auf gut ausgebauten Regionalstraßen, der 140, der 41 und der 120, erreicht werden kann; von Merced verkehren auch Greyhound-Busse direkt nach Yosemite.
Merced und San Francisco sind durch Flüge der Goldengate Airlines miteinander verbunden, ebenso durch Züge, die jedoch ziemlich unbequem sind und selten verkehren. Über 2 Millionen Touristen besichtigen jährlich zu jeder Jahreszeit den Park und finden dort die geeigneten touristischen Einrichtungen vor, darunter ein Museum mit einer eindrucksvollen Ausstellung indianischer Kunst.
Die örtliche Temperatur zeichnet sich durch eine konstante thermische Schwankung von ca. 20 °C zwischen den Tälern und dem Gebirge aus; die mittlere jährliche Niederschlagsmenge beträgt über 1270 mm.
Nach den Appellen der Naturschutzbewegung, die gegen das Expansionsbestreben der Industrie kämpfte, dekretierte Präsident Lincoln 1864 den Schutz des Yosemite Valley, das bereits seinerzeit wegen der riesigen Sequoiabäume im Wald von Mariposa weithin berühmt war.
Die offizielle Gründung des heutigen Parks geschah 1890, obwohl das in Frage kommende Areal bereits seit zwanzig Jahren dazu bestimmt war.
Die unwegsame Landschaft zeichnet sich durch mächtige Granitberge aus (der Mount Lyell mißt 3997 m), durch steile Hänge, die selbst 1000 m tief in die Eiszeittäler abstürzen, und durch wasserreiche, schnell fließende Flußläufe, die häufig eindrucksvolle Wasserfälle und Seen bilden.
Vom Aussichtspunkt Glacier Point, auf einer 1000 m hohen Felsspitze, kann man den berühmten Wasserfall Yosemite, den der Merced bildet, in seiner ganzen Pracht bewundern (es ist der zweithöchste Wasserfall der Welt), wie er in drei Terrassen 739 m von den Höhen der Sierra herabstürzt.
Weitere Stellen von besonderem Interesse sind der Wasserfall Bridal Veil, der einem Brautschleier ähnelt, und der riesige Felsen El Capitan am Eingang des Yosemite Valley, der sich auf einer Höhe von 2307 m einsam auf über 1100 m erhebt.
Der Wasserreichtum in dieser Gegend begünstigt das Wachstum einer überaus üppigen Vegetation mit 1300 verschiedenen Arten, unter denen Eichen, Kiefern, Zedern und die bereits genannten tausendjährigen Sequoiabäume vorherrschen.
Auch die Fauna ist gut vertreten: über 60 Säugetierarten einschließlich der typischsten der nordamerikanischen großen Tiere, sowie 220 Vogelarten.

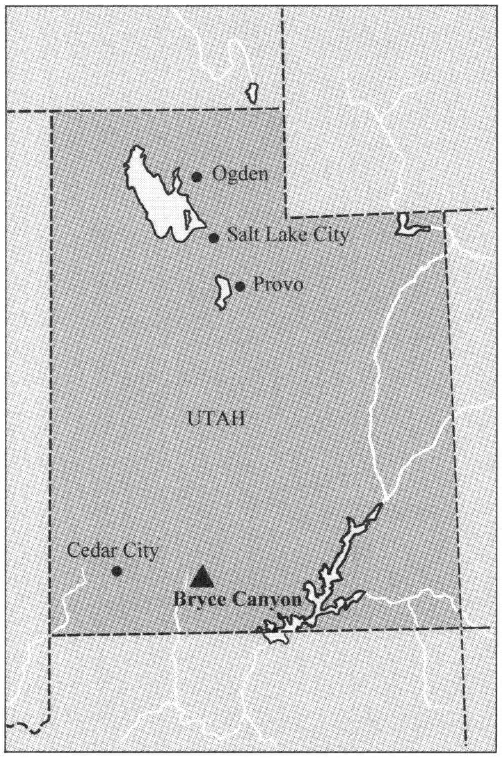

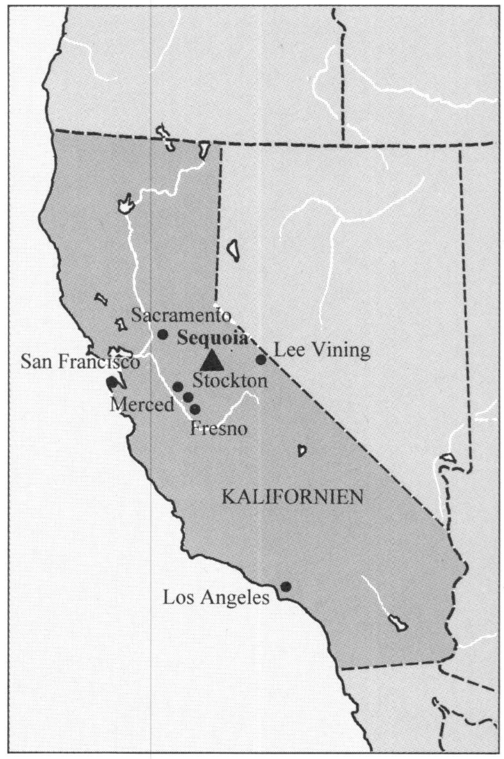

Nationalpark Bryce Canyon

Ein Areal von bescheidenen Dimensionen, das sich auf 145 km² im Süden von Utah ausdehnt. Von Cedar City (130 km) erreicht man den Park mit dem Auto oder dem Bus über die Regionalstraßen Nr. 12, 15 und 16 oder über die Staatsstraße 89. Von derselben Stadt starten auch Direktflüge der U.S.-Airwest zum Bryce Canyon Airport und erlauben damit eine schnelle und bequeme Verbindung. Der Park ist zu jeder Jahreszeit geöffnet und bietet Unterkünfte und etwa dreißig Campingplätze, die jedoch von Oktober bis Mai, wenn das Klima zu streng ist, geschlossen bleiben. Man kann auch Pferde für Ausflüge in die Felsen mieten. Die Temperatur, die im Januar zwischen -12 °C und 3 °C schwankt, steigt im Sommer beachtlich an, bis über 30 °C im Juli. Im Januar erreichen die Niederschläge, hauptsächlich als Schneefälle, etwa 480 mm. Anfang des 19. Jahrhunderts begannen die Weißen in diese Gegend vorzudringen, aber die erste feste Siedlung stammt von 1870 und ist das Werk des Mormonen Bryce, woher sich der spätere Namen des Parks herleitet. Die Schönheit dieser Region erlangte dann einen gewissen Bekanntheitsgrad dank der 1909 entstandenen photographischen Arbeiten von John Wesley Powell (berühmt vor allem wegen seiner Aufnahmen des Grand Canyon), der darüber auch der Regierung einen detaillierten Bericht gab. Die Gründung des Nationalparks wurde jedoch bis 1928 aufgeschoben.

Der Canyon, der größte Teil des Parks, ist ein Abschnitt der langen Verwerfung, die sich vor Millionen Jahren entlang der Hochebene zwischen Utah und Colorado geöffnet hat, als die von Kalk- und Sandsteinsedimenten bedeckte Erdkruste unter dem enormen Druck der unteren Erdschichten aufbrach. Der Bryce Park hat jedoch eine ganz besondere Schönheit, die ihn von allen anderen Parks mit einem Canyon unterscheidet; im Lauf der Zeit hat die atmosphärische Erosion das rote Gestein zu einem riesigen Amphitheater modelliert und mit Tausenden von Felsnadeln übersät, die wie Kathedralen, Wolkenkratzer oder Stufenreihen erscheinen, etwa der Cathedral Rock oder der Hindou Temple, die man von den vorgezeichneten Touristenpfaden aus bewundern kann.

Die Ähnlichkeit mit archäologischen Fundorten sticht deutlich hervor und hat zu der Bezeichnung "Stadt des Schweigens" geführt. Der höchstgelegene Teil des Parks erreicht Höhen über 2000 m, wo Kiefern und Wacholder wachsen; in niedrigerer Höhe macht diese Vegetation Pappeln und Weiden Platz.

Den südlichen Parkabschnitt bildet eine 3 km lange Hochebene, die von über 30 m hohen Bäumen bedeckt ist, vorwiegend Douglasie und Weißtanne. In mittleren Höhenlagen leben Schwarzbären, Luchse, Kojoten und Hirsche, während Grizzly, Wolf und Dickhornschaf (Schaf der Rocky Mountains) verschwunden sind. Darüber hinaus gibt es 164 Vogelarten.

Nationalpark Sequoia

Am Westhang der Sierra Nevada, im östlichen Zentralkalifornien, erstreckt sich über eine Fläche von 1619 km² der Los Angeles nächstgelegene Nationalpark; der Giant Forest, das Herz des Parks, liegt in der Tat 370 km von der Metropole entfernt.

Sein Gebiet bildet zusammen mit dem an seinen nördlichen Ausläufern gelegenen Kings Canyon einen einzigen geschützten Bereich. Er ist 130 km von Fresno entfernt und ebenso weit von Visalia, Städte, mit denen er durch die Regionalstraßen 180 bzw. 198 verbunden ist.

Die Gesellschaften Greyhound und Trailways unterhalten direkte Buslinien zum Park; als Alternative bieten die Southern Pacific Railways und die Santa Fé Railways Zugverbindungen von Tulare und Fresno an. Außerdem gibt es von San Francisco und Los Angeles Direktflüge nach Fresno und Visalia.

Die Besucher haben das ganze Jahr über Zugang zum Park; zu ihrer Verfügung stehen Unterkünfte und Campingplätze und es gibt die Möglichkeit, für Ausflüge Pferde zu mieten oder die Einrichtungen für Wintersport oder Fischfang zu nutzen.

Im Bereich des Giant Forest schwankt die Temperatur zwischen -6/-3,3 °C im Januar und 10/25 °C im Juli. Im Jahre 1852, als Folge der Veröffentlichung eines Artikels, der die wunderbaren Hölzer dieser Region beschrieb, setzte eine Invasion von Holzfällern ein, und die Ansiedlungen von Zentren zur Holzverarbeitung vervielfachten sich.

Als Antwort auf diesen Raubbau wurde die Bewegung zum Schutz der Sequoia geschaffen, die die Regierung zum Schutz des Gebiets anregte; so entstand 1890 der zweite Nationalpark der USA.

Am östlichen Ende des Parks liegt der höchste Berg der Vereinigten Staaten (außerhalb Alaskas), der 4418 m hohe Whitney, umgeben von 4000 m hohen Bergmassiven, die das Dach der Sierra bilden. An seinen Abhängen wächst zwischen 1500 und 2500 m die *Sequoia Gigantea* und weiter nördlich bis zur Pazifikküste die *Sequoia Sempervirens*.

Die berühmtesten Exemplare tragen die Namen bekannter historischer Persönlichkeiten, z.B. "General Sherman", mit ihren über 80 m Höhe und 30 m Umfang die größte Sequoia des Giant Forest; sehr bekannt ist auch die Sequoia "General Grant". Von besonderem Reiz sind die Punkte Monroe Rock und Crescent Meadow.

Ersterer ist ein gigantischer halbkugeliger Granitblock mit einer Reihe von Treppen, die auf den Gipfel führen, von wo aus die Sierra Nevada zu bewundern ist; Crescent Meadow hingegen ist der einzige Ort des Giant Forest, an dem die Sequoien sich lichten und einem dichten, blühenden Unterholz Platz machen.

Die Fauna im Innern des Parks besteht hauptsächlich aus Hirschen, Bären, Pumas und verschiedenen Vogelarten; in den Bergseen gibt es reichlich Forellen.

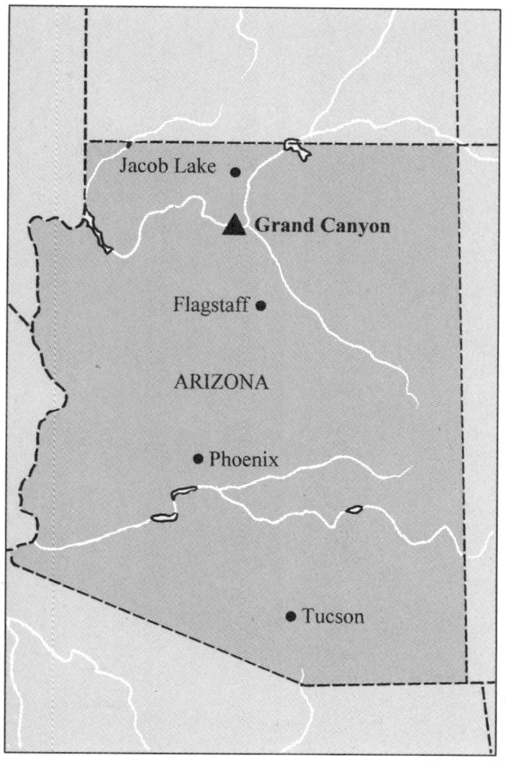

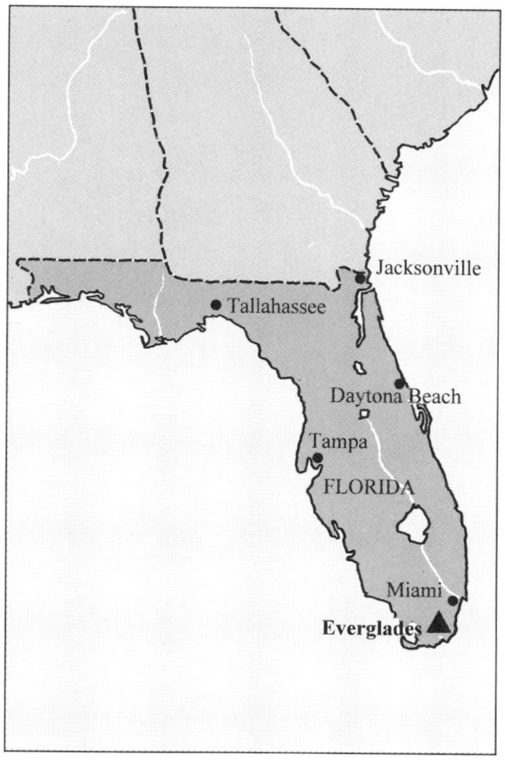

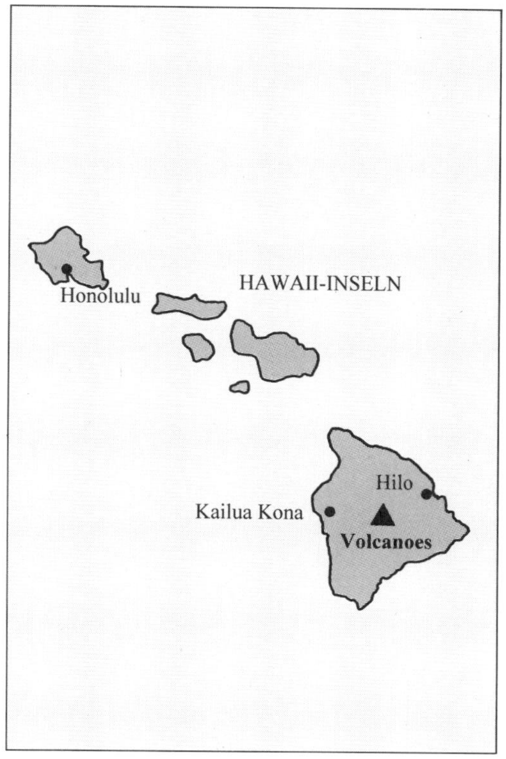

Nationalpark Grand Canyon

Die 4934 km², die das Territorium des Grand Canyon bilden, umschließen eine der reizvollsten natürlichen Landschaften der Welt. Im Nordwesten von Arizona gelegen, windet sich der Park entlang des Verlaufs, den der Rio Colorado zwischen den Bergketten North Rim und South Rim nimmt. Die Flugverbindungen sind besonders bequem, da es einen Flughafen im Innern gibt und viele Gesellschaften einen regelmäßigen Flugverkehr von Las Vegas und Phoenix (450 km) bieten. Sehr gut sind auch die Buslinien der Greyhounds und der Trailways und die Straßen, die zu den Eingängen führen: die Regionalstraße 67 von Jacob Lake zum Eingang North Rim und die Staatsstraße 180 von Flagstaff zum Zugang South Rim. Eine Eisenbahnlinie verbindet Los Angeles mit Flagstaff. Das Gebiet des South Rim bleibt das ganze Jahr geöffnet, während der Teil des North Rim nur von Mitte Mai bis Mitte Oktober zugänglich ist; dies ergibt sich hauptsächlich aus der klimatischen Unterschiedlichkeit der beiden Zonen, bedingt durch den beträchtlichen Höhenunterschied der Bergketten. Ca. zweieinhalb Millionen Touristen besuchen den Park jährlich; sie finden dort perfekt organisierte Aufenthaltsmöglichkeiten vor und leicht zugängliche Bedingungen für jede Art von Exkursionen (einschließlich Charter von Flugzeugen und Helikoptern). Allgemein liegen die Temperaturen in diesem Gebiet zwischen 3 und 14 °C im Januar und zwischen 24 und 40 °C im Juli; im zentralen Teil werden Jahresniederschlagsmengen von 180 mm gemessen.

Zum ersten Mal wurde das Gebiet des Grand Canyon im 16. Jahrhundert erforscht von den spanischen Konquistadoren, die auf der Suche nach Gold von den damals wie heute noch dort lebenden Hopi Indianern geführt wurden. Bekannt wurde es jedoch erst nach der Expedition von John Wesley Powell, der 1869, als er den Colorado hinunterfuhr, das großartige Panorama entdeckte. Seit damals ist der Touristenzustrom beachtlich angewachsen und brachte die Regierung, die bereits 1893 ein Reservat für die Tiere dieses Gebiets geschaffen hatte, dazu, 1919 den Nationalpark zu gründen. Die heutige Ausdehnung des Parks geht auf eine Erweiterung von 1975 zurück.

Den Hauptanziehungspunkt des Parks bildet der Canyon, der tiefste in den USA, der in einigen Abschnitten 1800 m unter dem Meeresspiegel erreicht, mit einer Breite zwischen etwa 7 und 30 km. Aus den übereinanderliegenden Gesteinsschichten, in die sich der Colorado in Jahrtausenden eingegraben hat, wird die geologische Geschichte der Region ab der letzten Periode des Primärzeitalters ablesbar.

Die Abhänge des Grand Canyon unterteilen sich in drei aufeinanderfolgende, durch Klima und Vegetation unterschiedliche Abschnitte: einen unteren halbwüstenartigen, einen mittleren, mit Eichen und Wacholder bewachsenen gemäßigten Streifen und in einen oberen mit Kiefernwäldern.

Nationalpark Everglades

Der Nationalpark der Everglades liegt im äußersten Süden der Halbinsel Florida, nur 56 km von Miami entfernt.

Seine Fläche von 5668 km² ist zum großen Teil mit Wasser bedeckt.

Von der nahen Stadt erreicht man per Auto über die Staatsstraße 441 und über die Regionalstraße 27 den Eingang des Schutzgebiets.

Ebenso bequem sind die Buslinien von Miami wie von Miami Beach und die zahlreichen Direktflüge zum Park ab Miami. Touristengruppen kommen ganzjährig in den Park und finden dort vorzügliche Aufenthaltseinrichtungen.

Das subtropische Klima ist gleichbleibend mild und feucht mit Temperaturen zwischen 20 und 35 °C und einer mittleren Jahresniederschlagsmenge von 1500 mm.

Als zu Anfang des 19. Jahrhunderts die Weißen in dieses Gebiet vordrangen, begannen sie mit der Ausarbeitung von Projekten zur Auffüllung des weiten Sumpfgebiets, um Ackerland zu gewinnen und Wasserreservoire anzulegen.

Diese Neuerungen, zusammen mit einer erbarmungslosen Jagd, brachten durch das Verschwinden eines großen Teils der Vegetation und Tausender von Tieren dieses Ökosystem an den Rand des Zusammenbruchs.

Der erste Versuch, einen Teil des Gebiets zu schützen, war die Einrichtung eines Regionalparks 1916; die Everglades wurden jedoch erst 1934 offiziell zum Nationalpark.

Der bemerkenswerteste Aspekt dieses Parks ist die ungeheure Sumpffläche, die ein Siebtel des gesamten Gebiets ausmacht; es handelt sich in Wirklichkeit um einen Flußlauf, den Pahay-okee oder "Grasfluß" in der Sprache der Seminolen, der höchstens 15 cm tief und 80 km breit ist.

In seinem gemächlichen, 160 km langen Verlauf vom Okeechokee-See bis zum Atlantik bedeckt er die Senke im Zentrum der kalkhaltigen Halbinsel Florida.

Mitten im Grasfluß tauchen die kleinen Hammock-Inseln auf, auf denen zwischen Seerosen und anderen Wasserpflanzen hochstämmige Tropenbäume wachsen.

An den etwas über dem Wasserspiegel liegenden Flußrändern besteht die Vegetation aus Palmen, *swagrass (Cladium jamaicensis)* und Wasserlilien. Weiter im Innern wachsen Mahagoni und Kiefern und entlang der Küste ein dichter Wall von Mangroven.

Dies ist der Lebensraum vieler Tierarten: Grauhörnchen, Waschbär, Weißschwanzhirsch, Opossum, Luchs und Silberlöwe leben in den höheren Lagen.

Die Sumpfgrasflächen sind hingegen das Refugium von Alligatoren, Schildkröten und Amphibien. Insbesondere sind die Everglades das Reich einer zahlreichen und farbenprächtigen Vogelfauna mit verschiedenen Reiherarten, rosaroten Löfflern, weißen und braunen Pelikanen, Fischadlern und Weißkopfadlern.

Nationalpark Hawaii Volcanoes

Ein Park von 927 km², der sich durch zwei tätige Vulkane auszeichnet und sich im Südosten der Insel Hawaii befindet, die - wie alle anderen der gleichnamigen Gruppe - rein vulkanischen Ursprungs ist und inmitten des pazifischen Ozeans in einem seismisch noch sehr aktiven Gürtel liegt. Die Regionalstraße Nr. 11 in Richtung Kailua Kona verbindet den Park mit der nächsten, 48 km entfernten Stadt Hilo; zwischen den beiden Orten unterhält die Greyline Gesellschaft eine Buslinie. Außerdem gibt es zahlreiche Verbindungsflüge zwischen Honolulu und Hilo oder Kailua Kona. Der Hawaii Volcanoes ist zu jeder Jahreszeit geöffnet; im Innern gibt es ein dem Besucherzentrum von Kilauea angeschlossenes Museum, wo Dokumentarfilme über die größten Vulkanausbrüche in dem Gebiet gezeigt werden. Die Region hat eine mittlere Jahrestemperatur von 22 °C auf Meeresniveau, von 7 °C in einer Höhe von ca. 3400 m und von unter 7 °C auf dem Dach des Parks, dem 4169 m hohen Gipfel des Vulkans Mauna Loa. Der Nationalpark wurde 1916 gegründet, 18 Jahre nachdem Hawai zu einem Territorium der Vereinigten Staaten geworden war.

Anfänglich umfaßte das geschützte Gebiet drei Vulkane: den Mauna Loa und den Kilauea, die immer noch zum Park gehören und den Haleakala auf der Insel Maui, der jedoch 1960 als eigenständiger Park begründet worden ist. Die beiden Vulkane des Parks sind, verglichen mit dem Mauna Kea im Norden der Insel, verhältnismäßig jung. Ihre Entstehung und ihre geographische Lage resultieren aus der fortschreitenden Verschiebung der Pazifikscholle in nordwestlicher Richtung (ca. 10 cm pro Jahr) und des dadurch bewirkten Austritts von Magma am Meeresboden, das beim Erhärten neue Vulkane bildet.

Aufgrund dieses Phänomens entsteht im Süden des Kilauea langsam ein weiterer Vulkan, der vom Meeresboden an bereits 4000 m mißt. Vom Küstenstreifen des Parks bis zu den Vulkangipfeln geht das Klima vom feuchtwarmen, tropischen Typ in den alpinen Typ über, mit Stauden und Bergwiesen, anstelle von Regenwäldern und einer üppig entwickelten Vegetation mit über 30 m hohen Bäumen und bis zu 2,5 m hohen Veilchenarten.

Besonders im Gebiet nordöstlich des Kilauea begünstigt die hohe Luftfeuchtigkeit der Passatströme das Dschungelwachstum, während sich in der südwestlichen Region eine halbwüstenartige Savanne ausdehnt. Die Flora des Parks hat keinerlei Schutzmechanismen entwickelt (wie z. B. Dornen), weil große Tiere dort ursprünglich fehlen. Urbewohner des Parks sind hingegen die Hawaiigans oder *nené*, und der *Lasiurus cinereus semotus*, eine Fledermausart; die heute selten gewordenen Arten sind Überlebende in einem ökologischen Ungleichgewicht, das durch Einfuhr einer dort nicht hingehörenden Fauna ausgelöst worden ist.

Nationalparks in Südamerika

Nationalpark Canaima

Im Südosten von Venezuela, an der Grenze zu Brasilien und Guayana, erstreckt sich der Nationalpark Canaima, der mit einem Territorium von 30.000 km² eines der größten Schutzgebiete der Welt darstellt. Am Flughafen des Parks, bei der Ortschaft Canaima enden die Flüge der Avensa Gesellschaft, von Caracas über Ciudad Bolivar (ca. 2 Stunden); auf dem Landweg ist ein bequemer Zugang nur möglich über die Straßenverbindung Ciudad Bolivar-Ciudad Guayana (Autobahn 19, ca. 100 km) und Ciudad Guayana-Osteingang (Autobahn 10, ca. 440 km). Der Park ist ganzjährig geöffnet, und seine touristischen Einrichtungen sind sehr gut. Auf seinem Gebiet gibt es außer der wunderbaren Ortschaft Canaima zahlreiche Indianersiedlungen, in denen Kunsthandwerk betrieben wird. Das Gebiet zeichnet sich durch ein sehr feuchtes Klima aus, mit jährlichen Niederschlägen um 3000 mm und einer Regenzeit, die von Juni bis November dauert. In den tiefliegenden Teilen des Parks liegt die mittlere Jahrestemperatur bei ca. 30 °C, während es im Bergland zu erheblichen Absenkungen bis auf 10 °C in den höchsten Lagen kommt, wo häufig heftige, von den Passatwinden herangetragene Gewitter toben. Dieses Gebiet wurde seit den Zeiten der spanischen Eroberung unter dem Namen "Eldorado" berühmt und blieb jahrhundertelang das bevorzugte Ziel von Gold- und Diamantensuchern. Später wurde die Gegend zum Ziel von Naturforschern, und die Regierung beschloß 1962 dort die Gründung eines Nationalparks. Die Region von Canaima, die Hochebene Gran Sabana, umfaßt Landschaften von großem wissenschaftlichen Interesse; im Norden der zentralen Prärie und der üppigen, von vielen Flüssen durchzogenen tropischen Dschungelwälder erhebt sich in der Tat die Gruppe der Tafelberge des Roraima, die von den Indios als Sitz des bösen Geistes betrachtet werden.

Diese Berge, *tepuy* in der Eingeborenensprache, übersteigen häufig 2000 m und sind Überreste der alten Sandsteinhochebene, die das weite Granitgebiet des guayanischen Schildes bedeckte. Ihre geologische Geschichte begann weit vor der Trennung des afrikanischen vom südamerikanischen Kontinent, und als diese - mit dem Auftauchen neuen Landes - einsetzte, waren diese Gegenden bereits von Reptilien und Pflanzen besiedelt.

Die endemischen Formen der Region, im Mittel 50%, erreichen auf den höheren *tepuy* 80%. Ein weiteres reizvolles Schauspiel bieten die von den *tepuy* herabstürzenden Wasserfälle; einer von ihnen ist der höchste Wasserfall der Erde, der vom Rio Carrao gebildete "Salto Angel", der einen Höhenunterschied von ca. 1000 m überwindet.

Die Flora des bewaldeten Teils zeichnet sich durch über 4000 Orchideenarten aus, und die Fauna umfaßt die für ein derartiges Klima häufigsten Arten; vom Puma bis zum Tapir, vom Krokodil bis zum Papagei.

Nationalpark Sierra Nevada

Ein Park im Norden von Venezuela, der sich über 2764 km² erstreckt und den nördlichsten Abschnitt der Andenkette einschließt. In seinem Innern befindet sich, außer einigen von Indios bewohnten Siedlungen und Dörfern die Universitätsstadt Mérida, am Fuß der Anden gelegen und von Caracas leicht erreichbar, entweder auf dem Luftweg mit Direktflügen in 45 Minuten oder auf dem Landweg über die Autobahnen Nrn. 1, 5 und 7, die die gesamte Distanz von 682 km abdecken. Der Park ist zu jeder Jahreszeit zugänglich und bietet alle touristischen Einrichtungen, Unterkünfte, Wege für Fußwanderungen oder Reitausflüge und auch ausgezeichnete Angelgebiete.

Eine besondere Attraktion des Parks ist die Schwebebahn zwischen Barinitas, einem Ort bei Mérida, und dem Berg Espejo, die wegen ihrer Länge (12,5 km) und wegen des Höhenunterschiedes, den sie überwindet (ca. 3000 m), auf der Welt einzigartig ist. Die örtlichen Temperaturen folgen dem Höhengrad: in Mérida liegt das Jahresmittel bei ca. 19 °C, in den Hochlagen bei ca. 1,5 °C.

Die jährlichen, hauptsächlich in der Regenzeit zwischen Juni und Dezember fallenden Niederschläge schwanken zwischen 700 und 1800 mm. In den ersten Jahren des 20. Jahrhunderts siedelten sich vor allem in der Gegend von Mérida Kaffeeanbauer an; sehr bald stießen Gruppen von Holzfällern dazu, die an verschiedenen Stellen der Region massive Abholzungen vornahmen, wodurch das natürliche Biogleichgewicht empfindlich gestört wurde. 1952 entschied daher die Regierung, das Gebiet durch die Gründung eines Nationalparks mit dem vollständigen Namen Simon Bolivar de la Sierra Nevada unter Schutz zu stellen.

Die Topographie des Parks umfaßt einen zentralen, vom Andenmassiv der Mérida-Kordilleren gebildeten Teil, wo der Berg Bolivar, mit 5007 m der höchste Gipfel von Venezuela herausragt.

Diese Granitberge aus jüngerer Entstehungszeit erreiche[n] häufig Höhen über 4500 m und sind von ewigem Schnee un[d] Gletschern bedeckt. Von ihren steilen Wänden stürzen en[g] eingeschnittene, U-förmige Täler und Gletscherbäche hera[b,] die reizvolle, hochgelegene Seen bilden.

Das unwegsame Herz des Parks ist von einem ebenen Gebi[et] mittlerer Höhe umgeben. Die örtliche Vegetation schwan[kt] mit dem Wechsel des Erdbodens: in den unteren Höhenlage[n] bis ca. 2000 m dominiert ein dichter Tropendschungel m[it] Orchideen und wilder Ananas.

Darüber erstreckt sich ein steppenartiger Bereich, der *param[o],* wo sich noch einige Eingeborenensiedlungen finden und d[er] sich dann in schneebedeckten Geröllfeldern verliert. Von d[en] für die lateinamerikanischen Wälder und Prärien typisch[en] Tierarten finden sich Brillenbär, Hirsch, Kondor und Kauz dieser Region.

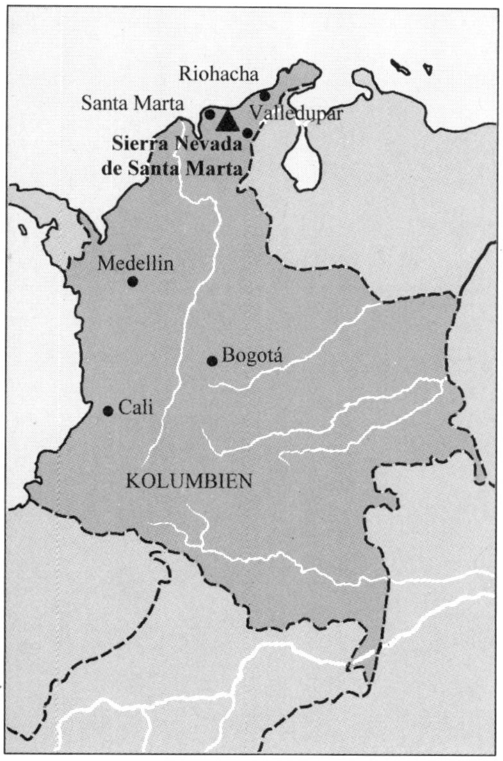

Nationalpark Sierra Nevada de Santa Marta

Eine geschützte Fläche von 3830 km^2, die den äußersten nordöstlichen Teil von Kolumbien einnimmt und einen Teil der karibischen Küste und die gleichnamige Sierra Nevada de Santa Marta umschließt.
Einige befahrbare Lokalstraßen, die von Santa Marta (40 km) oder von Valledupar (65 km) ausgehen, erlauben es, den Park im Westen bzw. im Osten zu erreichen; das letzte Wegstück muß jedoch zu Fuß zurückgelegt werden.
Santa Marta ist mit Direktflügen von Bogotá aus zu erreichen (ca. 1 Stunde).
Das Gebiet hat keine große touristische Entwicklung erfahren, und die verfügbaren Einrichtungen sind recht beschränkt; die Besucher, die zu jeder Jahreszeit Zugang zum Park haben, können in Valledupar und Santa Marta angemessene Unterkünfte finden.
Einen touristischen Anreiz bilden die schönen Indio-Dörfer am Fuß der Sierra, während Ausflüge in die Berge sich für ungeübte und schlecht ausgerüstete Besucher von beachtlicher Schwierigkeit erweisen.
Die mittlere Jahrestemperatur schwankt entsprechend der Höhenlagen: zwischen 1000 und 2000 m liegt sie bei 20 °C, auf 2000 bis 3000 m bei 14/16 °C, über 3000 m schließlich bei weniger als 14 °C, die auch um mehr als 10 °C fallen kann.
Auch die von der Höhe abhängigen Niederschläge schwanken zwischen 500 und 1500 mm jährlich und konzentrieren sich vor allem auf die beiden Regenzeiten von März bis Mai und von September bis November.
Der Nationalpark Sierra Nevada Santa Marta wurde 1964 gegründet.
Das interessanteste topographische Gelände ist das Massiv der Sierra, das trotz einer engen geologischen Affinität von der Andenhauptkette getrennt ist.
Diese Berge haben eine westöstliche Ausrichtung und zeigen sehr steile Abhänge sowie häufig Höhen über 5000 m; die beiden Hauptgipfel, der Bolivar und der Cristóbal Colón, wurden beide 1939 bezwungen.
Die Bergregion des Parks ist von tiefen, häufig mit breiten Gletschern bedeckten Muldentälern zerklüftet und von vielen hochgelegenen Seen übersät, die in der öden Landschaft glitzern.
Beim Abstieg von der Sierra erstreckt sich unterhalb der Schneewüste eine Steppenzone mit vereinzelten Stauden, am Fuß der Berge findet man hingegen die typische Vegetation der Andenhochtäler mit Sukkulenten und Farnen.
In Abhängigkeit der Höhe und der Lebensbedingungen ändert sich auch die Fauna: Im hochgelegenen Teil sind besonders Hirsche und Nager verbreitet; in den unteren Lagen leben hingegen Pumas, Jaguare, Wildpferde und etliche Reptilien. Zu den dort heimischen Vögeln zählen Kondore, Drosseln, Finkenvögel und die winzigen Kolibris.

Nationalpark Cotopaxi

Eine geschützte Bergregion, die sich auf einer Fläche von 340 km^2 am Westhang der ekuadorianischen Anden ausdehnt und sich auf die gleichnamige Provinz Cotopaxi sowie auf die Provinzen Pichincha und Napo verteilt. Der Park befindet sich 60 km südlich von Quito und 30 km nordöstlich von Latacunga und ist in beiden Richtungen durch regelmäßige Busverbindungen über den Panamerican Highway gut erreichbar; diese Straße verläuft zwischen eben diesen beiden Städten entlang der Grenze von Cotopaxi. Die ausgezeichneten touristischen Einrichtungen, die Campingplätze, Schutzhütten, Unterkünfte verschiedener Art und Restaurants umfassen, stehen den Besuchern ganzjährig zur Verfügung; Ausflüge in die Berge sind hingegen nur von Dezember bis April möglich, aufgrund der schwierigen klimatischen Bedingungen während des übrigen Jahres; zudem ist für einige dieser Routen eine angemessene Bergausrüstung erforderlich, die am Ort nicht ausgeliehen werden kann. Die mittlere Temperatur in den niederen Lagen ist während des ganzen Jahres ziemlich konstant; der Mittelwert im Januar liegt bei 13 °C, im Juli bei ungefähr 12 °C. Diese Werte nehmen mit zunehmender Höhe natürlich ab. Die jährlichen Niederschläge bewegen sich je nach der Region um 1000 bis 1500 mm.
Der Charakter des Gebiets wird durch den hohen Gipfel des Cotopaxi geprägt - in der Eingeborenensprache "sanfter Hals der Sonne" - eines kegelförmigen, ca. 6000 m hohen Berges, der durch Überlagerung zweier Vulkane entstanden ist. Seine Aktivität zieht sich mit Sicherheit über mehr als vier Jahrhunderte hinweg: Der erste dokumentierte Ausbruch geht in der Tat auf 1532 zurück, kurz vor der vollständigen Unterwerfung der Inkas durch die Spanier. Im folgenden Jahr, gleichzeitig mit der spanischen Eroberung von Quito, kam es zu einem weiteren Ausbruch; diese Ereignisse, in ihrer Verbindung mit dem Beginn der spanischen Herrschaft, wurden von den Indios als klare Anzeichen für den Zorn des Berggeistes gedeutet.
Der dritte gewaltige Ausbruch, 1742, machte den Vulkan auf der ganzen Welt bekannt; der letzte von 1975 ging der Gründung des Nationalparks im selben Jahr um kurze Zeit voraus. Der Vulkan ist immer noch tätig und stößt fortwährend Gase und Dämpfe aus.
Die Vegetation des Parks besteht im unteren Teil aus dichter Bewaldung, die bis auf eine Höhe von 3300 m immer spärlicher wird und Prärien bzw. halbwüstenartigem Gelände Platz macht; über 4500 m werden Schnee- und Eisfelder nur von vereinzelten hochalpinen Pflanzen unterbrochen. Die ziemlich reichhaltige Fauna zählt unter ihre interessantesten Vertreter den Adler, das Hokkohuhn und den zur Zeit recht häufig auftretenden Kondor. Unter den Säugetieren sind Lama, Wiesel, Fuchs, Puma und der für Südamerika typische Brillenbär zu nennen.

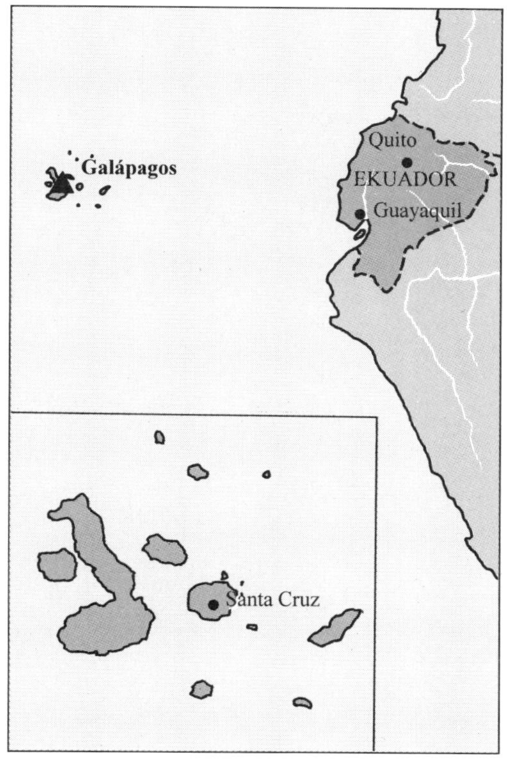

Nationalpark Galápagos

Ein Park von unschätzbarem naturwissenschaftlichen Interesse, der sich über eine Fläche von 6912 km^2 im Archipel der Galápagosinseln ausdehnt, die ca. 1000 km entfernt von der ekuadorianischen Küste auf dem Äquator liegen. Die Verbindung mit diesem Gebiet wird durch Flugzeuge und Schiffe geleistet, die von Guayaquil an der Küste von Ekuador starten und auf Baltra, einer winzigen Insel im Norden von Santa Cruz landen (ca. eine Stunde mit dem Flugzeug und 40 Stunden per Schiff). Am Ort bewegt man sich mit Bussen und Fährschiffen weiter, die jedoch nicht regelmäßig verkehren. Die Besuchssaison dauert von Mai bis Dezember, wenn das Klima am günstigsten ist und die Temperaturen zwischen 17 und 22 °C schwanken. Im restlichen Jahr werden höhere Temperaturen gemessen, bis zu Durchschnittswerten von 37 °C. Die Niederschlagsmengen unterscheiden sich in Abhängigkeit von der Höhenlage: jährlich 370 mm auf Meeresniveau, ca. 1100 mm auf 200 m Höhe. Die örtliche touristische Infrastruktur konzentriert sich größtenteils auf der Insel Santa Cruz; darüber hinaus stehen Busse und Fähren für Ausflüge zu den schönsten und wissenschaftlich interessantesten Orten des Parks zur Verfügung. Die Galápagosinseln wurden jahrhundertelang ausschließlich als Anlegestelle für Schiffe genutzt. Auf seiner eigens dorthin unternommenen Forschungsreise landete, 1835, Charles Darwin, der aufgrund seiner dort gesammelten bemerkenswerten biologischen Beobachtungen diesen Orten zu außerordentlichem Ruhm verhalf. In der Folge übten die Galápagosinseln nicht nur auf Wissenschaftler, sondern auch auf Jäger eine starke Anziehung aus. 1832 wurde der Archipel von Ekuador in Besitz genommen, seit 1934 steht die Tier- und Pflanzenwelt unter Schutz. Seit 1959 sind 90% der Fläche Nationalpark; 1964 wurde mit Unterstützung der UNESCO ein wichtiges, nach Darwin benanntes Forschungszentrum auf Santa Cruz errichtet. Das Terrain dieser Inseln ist eindeutig vulkanischen und korallinen Ursprungs; auf der größten von ihnen, der Insel Isabela (4275 km^2), gibt es sechs Vulkane von beachtlichen Ausmaßen, von denen der höchste, der Wolf, 1707 m mißt. Die Landschaft erscheint dürr und unwirtlich, mit einer Vegetation, die auf den trockenen Plateaus hauptsächlich aus Kakteen besteht, in den höheren und feuchteren Zonen aus 625 verschiedenen Arten von Farnen sowie aus Chrysanthemenarten, von denen 36% ausschließlich in diesem Gebiet wachsen.
Die Küsten sind häufig geschützt durch dicht verschlungene Mangrovenwälle. Die Fauna, die sich unter den Bedingungen der geographischen Isolation entwickelt hat, weist überaus seltene, nahezu einmalige endemische Arten von Pinguinen, Schildkröten und verschiedenen Land- und Wasserleguanen auf. Sehr selten sind Säugetiere, die sich auf die Galápagos-Ohrenrobbe, das Galápagos-Walroß, Mäuse und Fledermäuse beschränken.

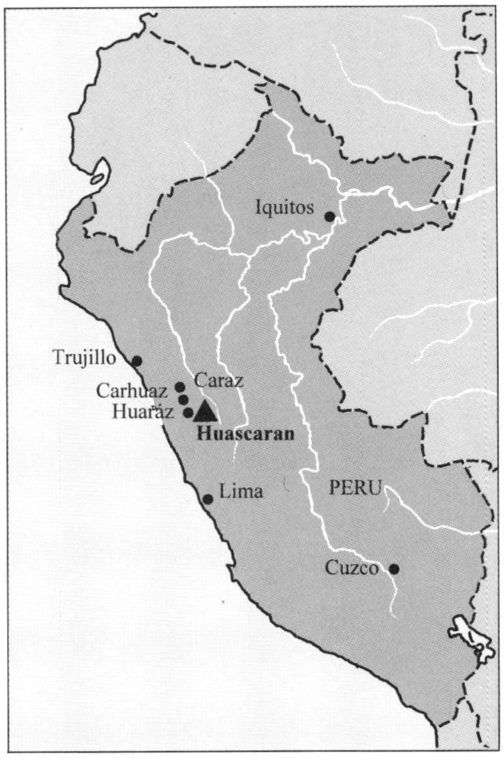

Nationalpark Huascaran

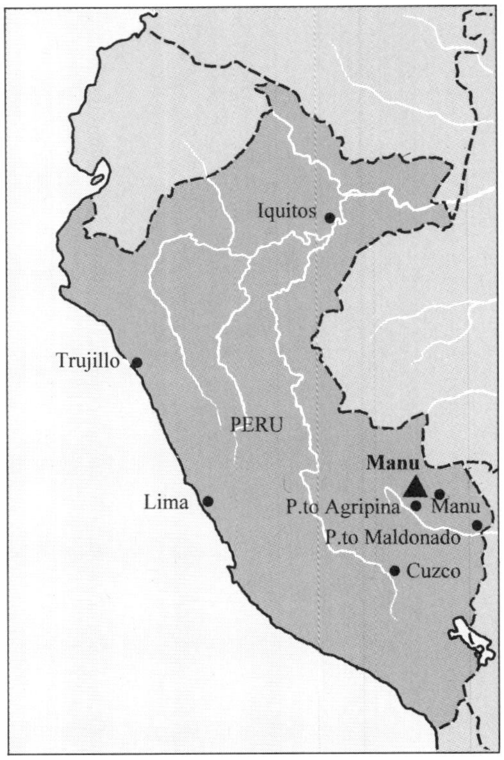

Nationalpark Manu

Nationalpark Torres del Paine

Nationalpark Huascaran

Ein Park mit einer Fläche von 3400 km², der im zentralwestlichen Peru, ca. 10 km von Huaráz, der Hauptstadt der Provinz Ancash, und 400 km nördlich von Lima liegt. Das Gebiet des Parks ist von der peruanischen Hauptstadt aus mit lokalen Flugzeugen (1 Stunde Flugzeit) und Bussen (9 Stunden, der Halt in Huaráz eingeschlossen) erreichbar.
Diese geschützte Bergregion hat eine Durchschnittstemperatur von 10 °C und jährliche Niederschlagsmengen zwischen 700 und 1000 mm; das Klima zeichnet sich außerdem durch eine Trockenperiode von Mai bis September und eine Regenzeit von Januar bis März aus.
Der Park ist dennoch zu jeder Jahreszeit geöffnet und entsprechend für Besucher ausgerüstet. Im Verkehrsbüro stehen auch erfahrene Touristenführer bereit, und man kann Pferde oder Esel für interessante Ausflüge in die Berge mieten. Die Gründung des Parks erfolgte erst in jüngerer Zeit, am 1. Juli 1975.
Der Park erstreckt sich über zwei untergeordnete Bergketten der Anden, der Cordillera Blanca und der Cordillera Negra. Die erste, im östlichen Teil gelegene zeigt ein besonderes Terrain aus weißem Dioritgestein mit zahlreichen Eis- und Schneefeldern; die westlich gelegene Negra besteht dagegen aus dunklen Gesteinsmassen, auf denen keinerlei Schnee liegt. In Europa erfuhr man 1533 durch eine ausführliche Beschreibung, die der Sekretär von Pizarro anfertigte, von diesem reizvollen, die Landschaft prägenden Farbkontrast. Die beiden Kordilleren wurden jedoch erst 1930 auf Karten verzeichnet, da eine ausreichende Kenntnis des Territoriums nur schwierig zu erhalten war.
Die Berge, die das Gebiet beherrschen, sind in der Tat von beachtlicher Höhe: 27 Gipfel übersteigen 6000 m; der höchste, der Huascarán, erreicht 6768 m und ist damit der höchste Berg des Tropengürtels.
Durch diese Erhebungen winden sich tiefe Täler und reißende Wasserläufe, besonders zahlreich in der Cordillera Blanca. Durch das Parkinnere verlaufen auch zwei lange Flüsse, der Santa, an dessen Lauf 188 Seen liegen, und der Malanion, der 71 Seen bildet. Im Tal des Santa erheben sich malerische Indiodörfer, in denen sich interessante Spuren der antiken Andenvölker finden.
Das Territorium des Parks ist generell von einer eigenartigen, entschieden tropischen Vegetation bedeckt, die reich an Bromeliengewächsen und Kakteen ist und bis auf eine Höhe von 4000 m reicht, wobei sie sogar in die schneebedeckte Zone vordringt.
Die Vogelfauna besteht aus gut 20 Arten, darunter der endemische Kondor, dessen Vorkommen zur Zeit jedoch klar abnimmt. Zu den typischsten Säugetieren gehören Lama, Alpaka und Vikunja, das hier die nördlichste Grenze für seinen Lebensraum findet.

Nationalpark Manu

Ein Schutzgebiet von riesigen Ausmaßen, 18.000 km², das am Osthang der peruanischen Anden entlang der Ufer des Manu liegt, eines Amazonasnebenflusses, der genau an der Quelle des großen Stromes verläuft. Die Straße, die zum Park führt, windet sich durch die steilen Andentäler zwischen Cuzco (200 km südwestlich) und Tres Cruces, einem Ort an der südlichen Begrenzung des Parks. Zwischen Lima und Cuzco gibt es einen regelmäßigen Flugverkehr (1 Stunde Flugzeit) oder Lastwagen, die für die Personenbeförderung ausgestattet sind. Der Park verfügt über gute touristische Einrichtungen und kann ganzjährig aufgesucht werden; zu beachten ist jedoch die große Regenzeit in den Monaten Februar und März. Das tropische Klima zeichnet sich durch eine mittlere Jahrestemperatur von 20 °C aus, mit Schwankungen von 5 °C in den einzelnen geographischen Zonen sowie durch jährliche Niederschlagsmengen von 2000 bis 4000 mm. Der erste Vorschlag, das Gebiet um den Fluß Manu als Naturreservat unter Schutz zu stellen, wurde 1967 vom Forstministerium von Peru vorgebracht, und im folgenden Jahr begann der WWF mit der Bereitstellung von Geldern für diesen Zweck. Diese Initiativen mündeten aufgrund von Problemen geringer Ortskenntnisse erst 1973 in der Gründung des Nationalparks. Auch heute noch sind einige Bereiche des Parks, trotz verschiedener Forschungsexpeditionen, wegen der ernsthaften Zugangsschwierigkeiten vollkommen unbekannt. Das Gebiet wird bekanntlich von Gruppen von Indios bewohnt, die die Jagd nach ihren traditionellen Gebräuchen betreiben; der letzte Stamm, von dem man Kenntnis erlangt hat, wurde vor 20 Jahren von einigen Missionaren entdeckt, und es ist durchaus wahrscheinlich, daß es in noch weniger zugänglichen Gebieten weitere unbekannte Stämme gibt.
Das Gelände des Parks besteht zum großen Teil aus einer flachen Hochebene, die sich westlich, im hohen Bergmassiv der Andenkordilleren erhebt. Das Territorium ist vom Tal des Manu und weiteren kleineren Wasserläufen durchfurcht. Entlang der Ufer des Manu, die während der Regenzeit häufig überschwemmt werden, erstrecken sich Sumpfgebiete, in denen Mahagoni, Zypressen, rote Sandelholz- und Kautschukbäume wachsen. An den Rändern der Sümpfe finden sich Wiesengürtel und anschließend die dichte Bewaldung, die fast das ganze Gebiet des Parks bedeckt; hangaufwärts in den westlichen Bergen ändert sich die Vegetation entsprechend des Höhengrads: auf mäßiger Höhe dominieren Bambus, Farne und Palmen, über 2000 m erstrecken sich Felder mit Kokasträuchern.
Die charakteristische Fauna dieser Region umfaßt Gürteltier, Bisamratte und Wildschwein, Puma, Tapir und Spinnenäffchen; das Gelände nahe am Manu wimmelt von Reptilien und Vögeln. Viele der im Territorium aufgefundenen Tierarten sind bis heute unbekannt.

Nationalpark Torres del Paine

Ein Park im äußersten Süden von Chile, der an die antarktische Zone angrenzt; er bedeckt 2400 km² eines vorwiegend bergigen Territoriums, 350 km nordwestlich von Punta Arenas und 120 km nordwestlich von Puerto Natales. Das Schutzgebiet ist mit Auto oder Bus erreichbar über die Verbindungsstraße von Punta Arenas nach Puerto Natales und von dort weiter über die Staatsstraße Nr. 9; die Busse von Puerto Natales zum Park verkehren allerdings selten. Es gibt außerdem lokale, 4 Stunden dauernde Flüge von Santiago de Chile, der chilenischen Hauptstadt, nach Punta Arenas. Die Touristensaison geht von November bis März, wenn das Klima milder ist: in der Tat liegen im Januar die Temperaturen bei 11 °C, im Juli bei nur 2 °C. Die jährlichen Niederschläge schwanken zwischen 250 und 500 mm und fallen vorwiegend im Westteil des Parks. Die Einrichtungen des Parks umfassen verschiedene Unterkunftsmöglichkeiten, Campingplätze, Geschäfte und Restaurants. An vielen Stellen sind Aussichtsplätze angelegt, die ein herrliches Panorama auf die umliegende Landschaft erlauben. Von Punta Arenas aus werden auch Panorama-Ausflüge in eigens dafür ausgerüsteten Busser angeboten. Die Gründung des Parks geht auf das Jahr 1959 zurück; 1978 wurde das Gebiet von der UNESCO zum Naturreservat erklärt. Die Morphologie dieses Gebiets ist hauptsäch lich gekennzeichnet durch die majestätischen, im Mittel 300(m hohen Granitberge, die durch das Fließen der Gletscher ge formt worden sind; ihre steilen Wände bilden Felsüberhäng von über 1000 m, wodurch die Landschaft sehr eindrucksvo erscheint. Aus den Gletschern des südlichen Teils entspringe Flüsse von beachtlicher Bedeutung, wie der Tindal, der Gray der Pico und der Paine; letzterer mündet nach der Durch querung von vier Seen in die Bucht der "Letzten Hoffnung" Der klimatische Gegensatz zwischen dem östlichen, sehr stü mischen Teil und dem westlichen mit seinen ganzjährige Schnee- und Regenfällen bestimmt die Entwicklung ganz ve schiedenartiger, heterogener Lebensräume.
In gemäßigten Höhenlagen besteht die Vegetation nahezu au schließlich aus Straucharten, die für die Andenprärie typisc sind; an den höher gelegenen Berghängen, bis zum Fuß d Gletscher, finden sich aufeinanderfolgend die Pflanzen d Hochlagen, der Tundra und der halbwüstenartigen Hochebene In den unmittelbar an Seen gelegenen Gebieten wachsen F chen und andere Laubbäume.
Der Park wird von zahlreichen Vogelarten bevölkert: ve schiedene Schwanenarten auf den Seen, Nandus und Wi gänse in den Prärien, Kondore, Falken und andere Raubvög in den bergigen Zonen. Unter den Säugetieren sind Pumas v treten, Füchse (auch Silberfüchse), Patagonienskunks und a ßerdem Lamas und Hirsche, von denen nur wenige Exempl die unbarmherzige Jagd der vergangenen Jahrzehnte überl haben.

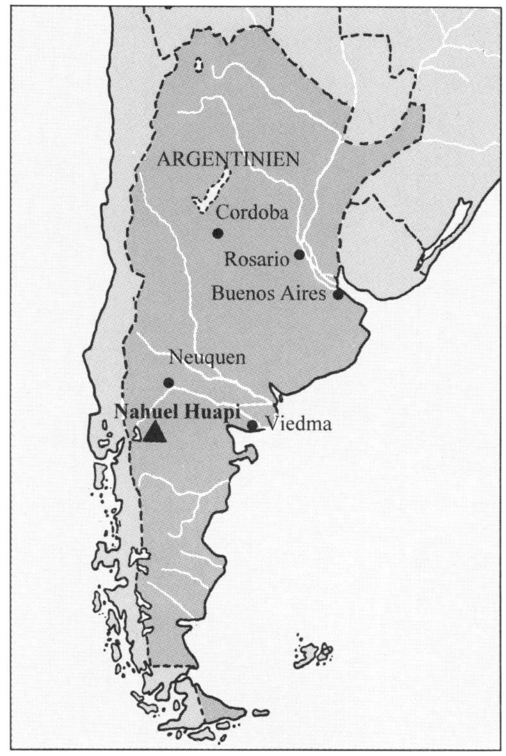

Nationalpark Lauca

Der Park von 1379 km² liegt im Norden von Chile in der Nähe der Grenze zu Bolivien; er ist einer der höchstgelegenen Parks der Welt, dessen Territorium sich tatsächlich auf einer mittleren Höhe von 4500 m ausdehnt. Die Hauptzugangsstraße zu dem geschützten Gebiet ist die internationale Straße zwischen Arica (160 km westlich) und Bolivien. Von Arica, das im Zug von La Paz (in ca. 16 Stunden) und auf dem Luftweg von Santiago de Chile (in 4 Stunden) erreichbar ist, fahren Busse nach Putre, einem Ort in ca. 20 km Entfernung vom Park. Der Lauca ist ganzjährig geöffnet, verfügt über verschiedene touristische Einrichtungen und ist mit einem guten internen Straßennetz ausgestattet, das interessante Autoausflüge ermöglicht. In den niedrigen Lagen (ca. 2000 m) variiert die Temperatur zwischen 4 °C im Winter und 18 °C im Sommer; die jährlichen Niederschläge betragen im Mittel 250 mm. Die Region, die früher sehr wasser- und vegetationsreich war, unterlag in den ersten Jahren des Jahrhunderts im Zusammenhang mit dem Bau der Eisenbahnlinie La Paz-Arica (1903-1913) dem ernsthaften Risiko der Zerstörung seiner Umwelt; um die Arbeiten zu ermöglichen, wurde der Lauca-See durch einen Damm geschlossen, und dies führte zum Verschwinden zahlreicher Wälder und zu darauffolgenden Erdrutschen. 1959 wurde dieses Gelände ein Naturreservat und später, 1970, wurde es zum Nationalpark erklärt; schließlich, im Jahre 1981, gewann das geschützte Gebiet internationales Interesse, als es zu einem Teil der von der UNESCO gegründeten Naturreservate wurde. Der landschaftliche Charakter des Parks bestimmt sich durch das halbwüstenartige Hochplateau, das sich auf Höhen zwischen 2800 und 4000 m erstreckt und über dem die hohen, von ewigem Schnee bedeckten Vulkanmassive emporragen, die, vor allem an der Grenze zu Bolivien, über 6000 m hoch sind. Am Fuß der Berge, in immer noch beachtlicher Höhe, liegen viele Seen: unter den berühmtesten der Chungara und der am Fuß des Los Paiachatas gelegene Chuquio. Der südöstliche Teil des Parks ist bekannt wegen der Thermalquellen, die am Grund der Salzwasserseen entspringen, und wegen der besonderen Beschaffenheit der Böden im Sumpfgelände, wo die Boratschicht der Oberfläche eine Dicke von ca. 20 cm hat. Abhängig von der Höhe geht die Vegetation von den vereinzelten Sukkulenten in den niedrigen Lagen zur Steppe der Hochebene über, in der Lama, Guanako, Alpaka und Vikunja leben. Die letztgenannte Art zählt zur Zeit - nachdem sie ernsthaft der Gefahr des Aussterbens ausgesetzt war - wieder mehr als 10.000 Exemplare und genießt seit 1972 einen speziellen, durch Regierungsverträge zwischen Chile, Argentinien, Bolivien und Peru garantierten Schutz. Ein weiterer, sehr seltener Bewohner dieses Gebiets ist die Anden-Wildkatze. Außerdem leben im Lauca zahlreiche Reptilien und Vögel, darunter Kondor und Flamingo.

Nationalpark Iguazu

Auf der Grenze zwischen Brasilien und Argentinien erstrecken sich die 2193 km² des Territoriums des Iguazu Parks. Die Wasserfälle, die der gleichnamige Fluß in seinem letzten Abschnitt bildet, sind die natürliche Grenze zwischen dem brasilianischen Teil (1701 km²) und dem argentinischen Teil (492 km²). Die Hauptzugänge zum Park befinden sich in einer Entfernung von jeweils 20 km, von Puerto Iguazu zum argentinischen Teil und von Foz do Iguazu zum brasilianischen Teil. Die beiden Städte sind durch regelmäßig verkehrende Buslinien (30 Minuten) direkt mit dem Park verbunden und sind ihrerseits auf dem Luftweg von Buenos Aires (2 Stunden Flugzeit) und von Rio de Janeiro (ca. 3 Stunden Flugzeit) erreichbar.

Der Park ist ganzjährig geöffnet und bietet umfangreiche Unterkunftsmöglichkeiten; möglich sind auch eindrucksvolle Panoramaflüge mit Flugzeug oder Helikopter. Das Klima ist typisch subtropisch, mit einer Luftfeuchtigkeit um 80-90%; die mittlere Jahrestemperatur liegt bei ca. 20 °C, mit Höchstwerten von 33 °C im Sommer und 9 °C im Winter; die jährlichen Niederschlagsmengen übersteigen 2000 mm. Während der argentinische Abschnitt des Territoriums seit 1909 unter Schutz steht und 1934 als Park eingerichtet wurde, ist der brasilianische Sektor 1939 per Gesetz als Nationalpark gegründet worden.

Das geschützte Gebiet erstreckt sich über unterschiedlich hoch gelegenes Gelände entlang der Flußläufe des Paraná und des Iguazu einschließlich ihres Zusammenflusses.

Das größte Naturschauspiel repräsentieren die Wasserfälle, die der Iguazu ca. 20 km vor seiner Mündung in den Paraná bildet und - die zusammen mit den Niagarafällen und den Victoriafällen - zu den größten der Erde gehören.

Die Wasserfälle des Iguazu, von denen sich 80% auf argentinischem Territorium befinden, verlaufen in Windungen auf einer Breite von ca. 2700 m und stürzen in mehreren Stufen über eine Höhe von 80 m herab; der Wasserdurchfluß beträgt in diesem Abschnitt 30.000 m³ pro Sekunde; aus diesem großartigen Schauspiel leitet sich der Name des Flusses ab, der in der Sprache der Eingeborenen "riesiges Wasser" bedeutet.

Eine große Vielfalt tropischer Pflanzen, wie Philodendren, Farne, Kautschukbäume und Kokospalmen bildet ein verwachsenes Dickicht, und besonders auf den größeren Höhen im westlichen Teil des Parks zeichnet sich die üppige Vegetation durch das Vorhandensein der *Araucaria angustifolia* aus, die hier die westliche Grenze ihrer Verbreitung hat.

Von großem Interesse sind auch die vielen, dieses Gebiet bevölkernden Tierarten.

Außer der für den südamerikanischen Urwald typischen Fauna (Fischotter, Ameisenbär, Brüllaffe, Papagei) gibt es hier seltene und geschützte Arten: Ozelot, Jaguar, Jaguarundi und grüner Leguan.

Nationalpark Nahuel Huapi

Ein argentinischer Park, der 7385 km² des Westhangs der Anden einnimmt, in der Nähe der Grenze zu Chile; sein Territorium verteilt sich auf die Provinzen Rio Negro und Neuquén. Im Innern des geschützten Gebiets liegt die Stadt S. Carlos de Bariloche, 1520 km südwestlich von Buenos Aires; ein gut ausgebautes Straßennetz erlaubt einen bequemen Zugang zum Park; außerdem bestehen zwischen der argentinischen Hauptstadt und S. Carlos regelmäßige Verbindungen per Flugzeug (2 Stunden Flugzeit), per Bahn (ca. 32 Stunden) oder per Bus (ca. 22 Stunden). Dieses Gebiet hat einen beachtlichen touristischen Aufschwung erlebt und ist perfekt ausgestattet (Unterkünfte, Besucherzentrum, Restaurants); im Innern des Parks gibt es bedeutende Skigebiete, wie am Berg Cattedrale, wo auch internationale Wettbewerbe stattfinden. Fischfang und Jagd stellen weitere touristische Attraktionen dar, wobei die Jagd nur zwischen Mitte Februar bis Ende April erlaubt ist. Die Temperatur der Region variiert zwischen einem Mittelwert von 1,5 °C im Juli und 13,5 °C im Januar, die jährlichen Niederschläge schwanken je nach Höhenlage zwischen 500 und 3000 mm. Der Nahuel Huapi Park ist der älteste Nationalpark in Argentinien und wurde 1903 auf 75 km² Land gegründet, das der Regierung von einem Privatmann, Professor F. Moreno, geschenkt worden war; die aktuellen Grenzen wurden nach den Gebietserweiterungen von 1907 und 1922 festgelegt. Die heutige Bezeichnung des Parks stammt aus dem Jahr 1934, in der Sprache der Eingeborenen bedeutet *nahuel* Tiger und *huapi* Insel. Der Landschaftscharakter der Region ist durch die in den Granit eingeschnittenen, eiszeitlichen Täler geprägt und durch viele Seen; wegen seiner Ausmaße ist hier besonders der See Nahuel Huapi zu erwähnen, mit einer Wasserfläche von 544 km² und einer maximalen Tiefe von 440 m. Dieser große See, in dessen Mitte die Insel Victoria liegt, erstreckt sich am Fuß des höchsten Berges im Park, des Monte Tronador, eines alten, 3554 m hohen Vulkans, der nun von Eis und ewigem Schnee bedeckt ist. Die erhebliche Feuchtigkeit des Gebiets begünstigt das Wachstum üppiger Wälder voller Zypressen, Eichen, bis zu 60 m hohen Kiefern und riesigen Farnen mit wundervollen orangefarbigen Blüten. Die dichte Vegetation bedeckt die Berghänge bis in Höhen von 1500 m und bietet ausgezeichnete Lebensbedingungen für eine reiche lokale Fauna. Es finden sich hier einige besonders interessante Arten wie der Pudu, der Huemul, Benedict-Hirsch und Jaguarundi; das Gebiet beherbergt auch zahlreiche Vogelarten, von denen manche sehr selten zu sehen sind, da sie in den unzugänglichsten Tiefen des Urwalds leben, darunter Rotkopfspechte, Patagonien-Drosseln, Falken, Lerchen und amerikanische Sperlinge.

An den Seen überwiegen Enten, Gänse, herrliche Schwarzkragen-Schwäne und Möwen, die häufig den Touristenschiffen folgen.

Nationalpark Tierra del Fuego

Der Park liegt auf der gleichnamigen Insel auf argentinischem Territorium, das von der Föderation der südpazifischen Inseln kontrolliert wird. Seine Fläche von 630 km^2 findet im Süden durch den Beagle-Kanal eine natürliche Begrenzung. Die Insel Feuerland erreicht man am besten mit dem Flugzeug, das von Buenos Aires, mit einer Zwischenlandung in Rio Gallegos, in 5 Stunden nach Ushuaia fliegt; dieser Ort, Tor der Antarktis genannt, liegt in 12 km Entfernung vom Eingang des Parks, La Pattaya. Die Besucher finden Unterkunft auf den Campingplätzen im Innern des Schutzgebiets oder in den Hotels von La Pattaya und Ushuaia; sie können die Sportarten ausüben, die das Gebiet berühmt gemacht haben, Skilauf und Fischfang, und an Ausflügen per Flugzeug oder Schiff auf dem Beagle-Kanal teilnehmen.

Das Jahresmittel der örtlichen Temperatur liegt bei 5,4 °C und schwankt zwischen 8,5 °C im Januar (im wärmsten Monat) und 0 °C im Juli.

Charakteristisch für das Klima sind außerdem ständige Schneefälle und Wind. Magellan kam als erster aus dem Westen 1520 an diesen äußersten Zipfel des amerikanischen Kontinents, den er "Feuerland" nannte. Dieses neue Land wurde in der Folge zum Ziel zahlreicher Kolonialisierungszüge, die zur fast vollständigen Vernichtung der Eingeborenenbevölkerung führte, der Ona Indios, die heute nahezu ausge- löscht sind.

Im 19. Jahrhundert erreichten Argentinien und Chile - nach einer Reihe von Konflikten - eine Übereinkunft über die Aufteilung der Insel, wie sie die aktuellen Grenzen wiedergeben. Die Region erlangte in der Tat immer größere Bedeutung durch die Entdeckung reichhaltiger Lagerstätten von Mineralien, Gas und Erdöl. Die Gründung des Nationalparks erfolgte 1960 durch die Regierung von Buenos Aires.

Morphologisch ist Feuerland ein Anhängsel des Plateaus von Patagonien, das sich in mehreren Inselfragmenten bis zum Kap Horn zieht. Das geschützte Territorium umfaßt Bergregionen, Seen und an der Küste Fjorde, die durch die Bewegung der Eisplatten entstanden sind. Eines der reizvollsten Panoramen genießt man von den Ufern des Beagle-Kanals; jenseits der tiefblauen Wasserfläche zeichnet sich im Hintergrund die Insel Navarino (Chile) ab mit ihren weißen, schneebedeckten Bergen. Die Vegetation des Parks besteht zum großen Teil aus Buchen und Zimtbäumen, letztere sind einzigartig wegen ihrer Kleinwüchsigkeit, die durch Anpassung an die örtlichen strengen Klimabedingungen entstanden ist. Viele Säugetierarten bevölkern die Region: Wolf, Polarfuchs, Puma, Wildkatze, Biberratte, Lama und Pudu, die kleinste lebende Hirschart (9 kg Gewicht, 40 cm hoch). An den Küsten sieht man häufig Fischotter, große Herden von Ohrenrobben und etliche Arten von Seevögeln wie die patagonischen Pinguine, Albatrosse und Seeschwalben.

Nationalpark Los Glaciares

Im Süden von Patagonien, zwischen den mächtigen Bergmassiven im Südwesten Argentiniens erstreckt sich der 6000 km^2 große Park Los Glaciares. Die Verkehrsverbindung zu diesem Gebiet geht von dem 40 km östlich gelegenen kleinen Ort Calafate aus, der in 4 Stunden mit dem Flugzeug von Buenos Aires (Zwischenlandung in Rio Gallegos) und von Rio Gallegos mit Bussen in 6 Stunden erreicht werden kann. Wegen der langen und strengen Winter mit einer Durchschnittstemperatur von ca. 1 °C, beschränkt sich die Touristensaison auf nur sechs Monate im Jahr, von Oktober bis März, wenn das Thermometer bis auf 11 °C ansteigt; die jährlichen Niederschlagsmengen liegen bei 200/800 mm. Der Park verfügt über Unterkünfte und liefert den Besuchern verschiedene Ausrüstungen. Dieses Gebiet blieb im Schutz der steilen Berge und seines rauhen Klimas lange Zeit nahezu unbekannt, wie es die erst 1867 erfolgte Entdeckung des Sees Argentino bezeugt. Tatsächlich liegt der See trotz seiner beträchtlichen Ausdehnung auf einer Höhe von 1800 m. Die ersten Siedler tauchten gegen Ende des 19. Jahrhunderts in diesen Gebieten auf, und der Beginn einer touristischen Entwicklung geht der 1937 erfolgten Gründung des Nationalparks nur wenig voraus. Zur Zeit stellt die Region eine bedeutende Wasserreserve dar. Vom Berg Fitz Roy (3375 m) und vom Maurallón (2831 m), im Westen bzw. im Süden des Viedma-Sees gelegen, schieben sich zahlreiche Gletsche herab; der größte von ihnen, der Uspara, dehnt sich nach Süden fast bis zum Ufer des Argentino-Sees. In letzter Zei schwindet der Uspara allmählich immer mehr, in der Ta zeigen sich auf seiner Oberfläche viele Spalten und Stellen, a denen der Fels hervortritt. Westlich vom See Argentin hingegen liegt der mächtige Gletscher Moreno, der aufgrun der häufigen und reichlichen Schneefälle an Masse zunimm und wie ein Eisstrom von der Wasserscheide ab 35 km ins Ta herabgleitet. Sein spektakulärer Vormarsch kommt nic einmal am Seeufer zum Halten, sondern bildet, nachdem er di Wasserbarriere überwunden hat, eine 1 m dicke und 4 kı breite Eismauer am entgegengesetzten Ufer. Im Somm bewirken die großen Eisblöcke, wenn sie mit mächtige Krachen in den See stürzen, ein Überfließen des Wassers u das Brechen der Eiswälle überall am Ufer. Abhängig von d Strenge und der Feuchtigkeit in den einzelnen Klimazone unterscheidet sich die Vegetation stark: In den kältesten Zone wachsen hauptsächlich Stauden oder auch die wunderschön Calafatepflanzen mit gelben Blüten und schmackhaften li Früchten. An den feuchteren Stellen finden sich Buche Holunder und Zypressenwälder. In dieser Umgebung leb Gürteltiere und Guanakos, Chinchillas, Biberratten, Füch und der Puma; als Hauptvertreter unter den Vogelarten si Nandu und Nachtreiher neben anderen Wasservogelarten nennen.

Nationalparks in Europa

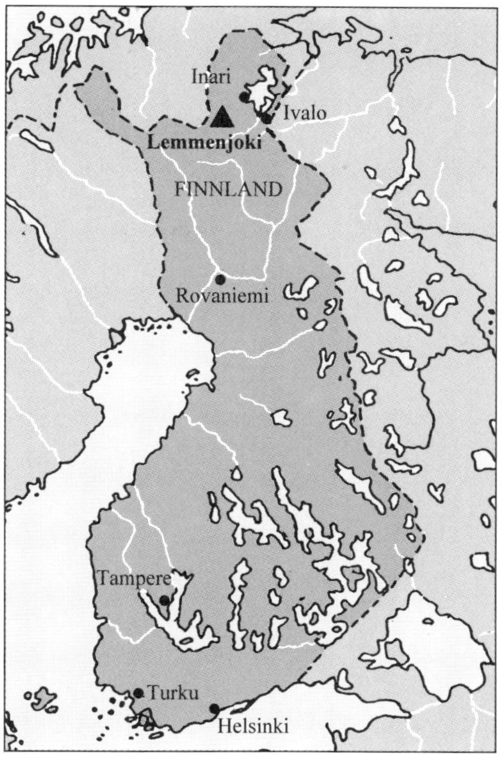

Nationalpark Lemmenjoki

Ein Park im Norden von Finnland an der Grenze zu Norwegen, der 2800 km^2 eines wilden, in die lappländische Hügelregion eingezwängten Territoriums bedeckt. Die beste Zugangsstraße zum Park ist die Nr. 955, die von Inari ausgeht (50 km nordöstlich); zwischen Ivalo (60 km östlich) und dem Lemmenjoki besteht eine direkte Buslinie. Außerdem gibt es die Flüge Helsinki-Ivalo der Finnair (2 Stunden) und täglich Züge Helsinki-Rovaniemi (ca. 10,5 Stunden). Der Park ist ganzjährig geöffnet und ist für einen Aufenthalt der Besucher mit zahlreichen Campingplätzen, Holzhütten, gekennzeichneten Wegen und Motorbooten für Ausflüge auf Seen und Flüssen sehr gut ausgestattet. Die beste Saison für Besuche ist zwischen Juni und Oktober und zwar nicht nur wegen der klimatischen Bedingungen (die Sommertemperatur variiert zwischen 7,5 und 19,5 °C); tatsächlich kann man in den Monaten Juni und Juli das großartige Phänomen der arktischen Nächte beobachten, die in diesen unberührten Heidegebieten überaus reizvolle Effekte haben. Während der sieben kältesten Monate ist das Territorium des Parks ständig mit Schnee bedeckt, und mitten im Winter werden Temperaturen von -18 bis -8,5 °C gemessen. Dieses Gebiet, das von jeher bedeutend für die Lappen war, die es bis heute bewohnen und dort Jagd und Aufzucht der Rentiere betreiben, gelangte zu beachtlichem Ruhm durch die Entdeckung goldhaltiger Areale. Der Zustrom der Goldschürfer und der Bau von Grubenanlagen ergab Probleme für die Erhaltung des Ökosystems, was schließlich 1956 zur Gründung des Nationalparks führte. Dieser erste geschützte Teil, der später durch den Anschluß von mittlerweile aufgegebenem Bergbaugelände bis zur aktuellen Begrenzung erweitert wurde, hatte nicht nur den Zweck, die herrliche natürliche Umgebung zu schützen, sondern vor allem, den Frieden und den traditionellen Lebensstil der lokalen Bevölkerung zu retten.

Eine weite Ebene, in der Moor- und Sumpfgürtel sich mit Birken- und Kiefernwäldern abwechseln, nimmt den mittleren Teil des Parks ein; das nordöstliche Gebiet wird durch gemäßigte Erhebungen von ca. 600 m Höhe geprägt. Hauptmerkmal ist das Tal des Flusses Lemmenjoki, das mit schmalen Seen übersät ist und mit Wildbächen, die aus engen Schluchten stürzen und dabei zahlreiche Wasserfälle bilden. Die Talhänge zeigen die Varietät der typisch nordischen Vegetation: In der unteren Zone finden sich hundertjährige Pflanzen, die in höheren Lagen den Birken Platz machen und noch höher der Blauheide, der rosafarbenen Azalee und den Geröllfeldern.

Außer Kleinsäugern gibt es in seltenen Exemplaren Braunbären und Wölfe und viele Vogelarten, die für die nordischen Breiten typisch sind wie die Lapplandammer, der sibirische Eichelhäher und der wilde Schwan.

Nationalpark Abisko

Im Norden von Schweden, jenseits des Polarkreises, erstreckt sich das felsige Territorium des Nationalparks von Abisko, der eine Fläche von 75 km^2 hat. Es handelt sich um eines der nördlichsten Schutzgebiete in Europa, aber im Unterschied zu vielen anderen Parks in der Lappenregion erweist er sich als leicht erreichbar. In der Tat verläuft durch den nördlichen Teil die Staatsstraße zwischen Lulea, der Hauptstadt von Norrbotten und Kiruna, Städte, die 340 bzw. 96 km entfernt in südöstlicher Richtung liegen. Außerdem gibt es Züge, die Stockholm und Abisko, einen Zugangsort am nordöstlichen Ende des Parks, in 20 Stunden miteinander verbinden und Flüge von eineinhalb Stunden zwischen der schwedischen Hauptstadt und Kiruna. Der Zugang ist ganzjährig gestattet, und in den Monaten Juni und Juli kann man das erstaunliche Schauspiel der Mitternachtssonne erleben. Die touristischen Einrichtungen des Gebiets sind ausgezeichnet und umfassen Unterkünfte verschiedener Art, Campingplätze, gut gekennzeichnete Wege, ein effizientes Informationszentrum und eine Seilbahn auf den Berg Njulla, von dem aus man das gesamte Panorama des Abisko bewundern kann. Innerhalb der Grenzen des Parks befindet sich auch die beste naturwissenschaftliche Forschungsstation des Landes, ein Sitz interessanter, öffentlich zugänglicher Ausstellungen. Die am Ort registrierte mittlere Temperatur liegt bei -10 °C im Winter und bei 14 °C im Sommer; die jährlichen Niederschlagsmengen betragen ca. 300 mm.

Die Parkfläche verläuft entlang des Tals des Flusses Abiskojakka, der zwischen überhängenden Felswänden nach Norden fließt und in den See Torneträsk an der Grenze zu Norwegen mündet.

Auch die kleine Insel Abiskosuolo ist Teil des geschützten Gebiets. Ungefähr ein Drittel im Innern des Territoriums besteht aus nacktem Felsgestein; die Erhebungen von mäßiger Höhe sind in der unteren Zone von Birkenwäldchen bewachsen, während sich in den höheren Bereichen Flächen mit Zwergweiden, alpine Wiesen und schließlich Geröllfelder finden. Im Park gibt es keine einzige Nadelbaumart, da deren Verbreitungsgebiet auf südlicheren Breiten endet.

Die örtliche Flora ist besonders reich und umfaßt die allgemeinsten arktischen Exemplare, ihr Hauptmerkmal ist jedoch die große Fülle an wilden Orchideen, von denen einige wahrhafte Raritäten darstellen. An den steilen Uferböschungen des Abiskojakka wachsen einmalige Arten insektenfressender Pflanzen.

Dieses Gebiet beherbergt sehr viele Vögel, die vor allem an den Ufern des Torneträsk leben; einige unter ihnen, wie der nordische Laubsänger, nisten an den Bergflanken des Njulla. Die Säugetiere gehören zu den typisch nordischen Arten wie Bär, Luchs, Elch, Vielfraß, arktischer Fuchs, Lemming und andere Nager.

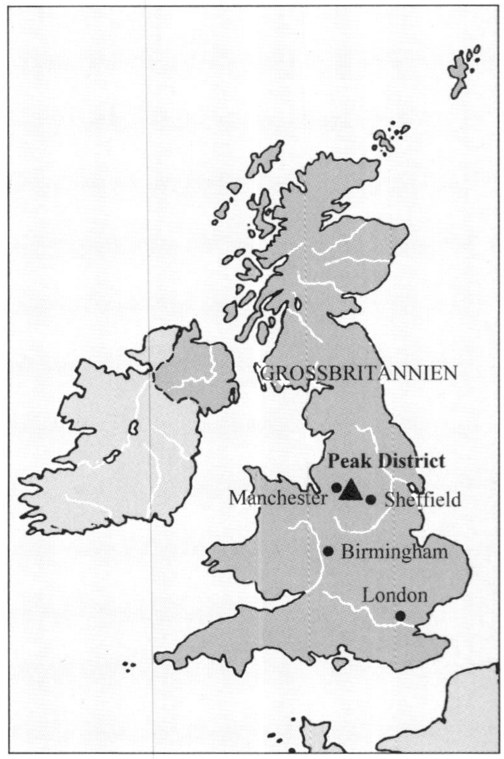

Nationalpark Sarek

Ein schwedischer Park in der nördlichen Region von Norrbotten, der sich über 1940 km² im bergigsten Gebiet des Landes erstreckt. Der Zugang zum Park ist nicht sehr bequem, es gibt jedoch mehrere Möglichkeiten dazu. Das Straßennetz verbindet Lulea, die 250 km entfernte Regionalhauptstadt, mit Jokkmokk (Straße Nr. 97) und diese letztere Ortschaft mit dem Nordeingang (in 185 km Entfernung) und mit Kvikkjokk, von wo aus man über einen kurzen Pfad zum Südeingang gelangt. Von Stockholm gibt es Direktflüge nach Lulea (1 1/2 Stunden), Direktzüge nach Gällivare (17 Stunden) und Busse zum Park. Im Schutzgebiet gibt es nur Unterkünfte für Forscher und Wissenschaftler. Die beste Jahreszeit für den Besuch liegt zwischen Juni und August, auch wenn der Park ganzjährig geöffnet ist.

Das Klima verzeichnet 15 °C im Hochsommer und sinkt auf unter -10 °C im Winter. Die jährlichen Niederschläge liegen bei über 1000 mm. 1909 wurde in Schweden das Nationalparkgesetz verabschiedet; es war das erste Land, das derartige Vorkehrungen getroffen hat, und unmittelbar danach wurden der Sarek und der Stora Sjöfallets Nationalpark gegründet. Die Gegend wurde in der Folge unter Bergsteigern recht bekannt, aber seine abgelegene geographische Position und das unwegsame Gelände haben nie zu einem regelrechten touristischen Betrieb geführt.

Dominierend für das Panorama des Parks sind hohe Felsgipfel, die mit Gletschern bedeckt und von tiefen Schluchten zerklüftet sind; diese Berge sind die höchsten in Schweden, 90 von ihnen sind über 1800 m hoch, und sie sind Teil des skandinavischen Zentralgebirges, eines der ältesten europäischen Gebirgssysteme. Das Gebiet umfaßt darüber hinaus die typisch lappländischen Landschaften mit eiszeitlichen Tälern, großen Seen, vielen Wasserläufen, Mooren, Sümpfen und weiten Taigaflächen.

Das geschützte Gebiet liegt nördlich der Verbreitungsgrenze der Nadelbäume, und seine Vegetation besteht vorwiegend aus Birkenwäldern, die an den Berghängen von niedrigen Zwergweidengehölzen und über 1200 m von einer alpinen Flechtenzone abgelöst werden.

Im Unterholz wachsen zahlreiche der für das arktische Klima typischen Pflanzen wie die Blauheide und die dreispitzige Binse; im Sommer übersäen die Blüten des Alpengamanders die hochgelegenen Wiesen.

Die Region des Sarek und insbesondere seine fruchtbarsten Gebiete, das Tal des Rapadelen und die Tiefebene Niatsosvagge, erweisen sich als ein vorzüglicher Lebensraum für den größten Teil der skandinavischen Großsäuger wie Elch, Rentier, Braunbär, den inzwischen sehr selten gewordenen Wolf und auch für den arktischen Fuchs, den Luchs, den Vielfraß und viele Vogelarten, darunter Gerfalke, Steinadler und Schnee-Eule.

Nationalpark Rondane

Der wunderschöne Gebirgspark von Rondane bedeckt eine Fläche von 572 km² im mittleren Süden von Norwegen und verteilt sich auf die Regionen Oppland und Hedmark. Der nächstgelegene Ort, Otta, liegt 13 km südöstlich entfernt und die Hauptstadt, Oslo, 220 km im Süden; die beiden Städte sind durch die Autobahn E 6 verbunden, und entlang dieser Strecke verkehren regelmäßig Busse und Züge mit einer Fahrtdauer von 4 bzw. 3 Stunden.

Der Park ist das ganze Jahr geöffnet und stark frequentiert; die örtlichen Einrichtungen bestehen aus einigen Hütten und drei festgebauten Schutzhäusern für die Touristen, aber in den umliegenden Ortschaften kann man verschiedene Unterkünfte finden; es gibt zahlreiche beschilderte Wege, aber es existiert keine asphaltierte Straße.

Im Mittel liegt die Temperatur zwischen -8 °C im Winter und 15 °C im Sommer; die Niederschlagsmengen bewegen sich um 500 mm im Jahr. Rondane wurde 1962 als Nationalpark gegründet und ist trotz des jungen Datums der erste der norwegischen Nationalparks. Bereits zuvor jedoch existierten eigens erarbeitete Naturschutzgesetze, die sich im Lauf der fünfziger Jahre intensiviert und verschärft hatten. 1956 schließlich lenkte ein Forstinspektor, den die majestätische Schönheit von Rondane begeistert hatte, die öffentliche Aufmerksamkeit auf diese Gegend.

Die Geländestruktur des Parks wurde in der letzten Eiszeit zu einer großartigen Landschaft gestaltet, in der Täler, Canyons, Moränen und mächtige Berge mit zehn über 2000 m hohen Gipfeln aufeinanderfolgen, die häufig steil herabfallende Felswände zeigen, wie im Fall des Abgrunds am Nordhang des Rondeslottet (2183 m), der über 700 m senkrecht abstürzt. In dieser Umgebung ist die Vegetation von vorwiegend alpinem oder subalpinem Typus mit weit verbreiteten Moosen und Flechten; die hauptsächlich aus Birken bestehenden Wälder bedecken nur knapp tausend Hektar des Terrains. In höheren Lagen finden sich hingegen Zwergweiden, und in den feuchteren Bereichen wachsen Ranunkeln und Sternsteinbrech. Ein großer Teil des geschützten Areals bleibt jedoch dauerhaft von Schneefeldern bedeckt.

Typische Vertreter der Fauna dieses Ökosystems sind: Vielfraß, Rotfuchs, Schneehase, Mauswiesel, Hermelin und Elch; in Rondane gibt es zur Zeit auch 3000 Exemplare des wilden Rentiers, einer Art, die stets einer erbarmungslosen Jagd ausgesetzt war. An den Flußläufen leben außerdem Fischotter und Nerze. Verbreitet unter den Vögeln sind Turmfalken und Rauhfußbussarde, die in diesem Gebiet nisten, der Goldregenpfeifer, die Lapplandammer und das Blaukehlchen; auf den höheren Bergen finden sich Schneeammer und das Moorschneehuhn.

Ziemlich selten ist hingegen der Wassertreter, der in der Nähe der südlichen kleinen Seen lebt.

Nationalpark Peak District

Ein geschütztes Territorium von 1404 km², das im südlichen Zentrum von Großbritannien gelegen ist, nicht weit entfernt von wichtigen Städten, wie Derby, Sheffield und Manchester. Diese Lage macht ihn leicht zugänglich und daher sehr frequentiert.

Von Manchester und Sheffield führen Straßen direkt nach Castleton, dem Hauptzentrum inmitten des Parks. Überdies sind die drei oben erwähnten Städte von vielen Gegenden Englands mit verschiedenen Verkehrsmitteln erreichbar. In den Ortschaften innerhalb der Grenzen des Peak District leben ca. 40.000 Menschen, verteilt auf recht bekannte Orte wie Glossop, das Zentrum der Textilindustrie, und das Thermalbad Buxton. Das Gebiet ist ganzjährig geöffnet und ist für Besucher gut ausgestattet; außer den normal befahrbaren Straßen gibt es Wanderwege, besonders im südlichen Teil. Im Mittel liegen die Temperaturen bei 3 °C während des Winters und bei 17 °C im Sommer; das Klima ist allgemein feucht mit jährlichen Niederschlägen um 1200 mm. Der Peak District is Englands ältester Nationalpark; seine Gründung erfolgte 1951 und eines seiner abgegrenzten Areale stellt eines de nationalen Naturschutzgebiete dar; innerhalb seiner Umgren zung gibt es auch einige archäologische Fundstellen aus de Altsteinzeit.

Geomorphologisch unterscheidet sich das Gebiet in zwe Teilen; gegen Norden erstreckt sich eine öde Hochebene au grobem Sandstein, der Dark Peak, der mit dem Berg Kinde Scout eine Höhe von 636 m erreicht.

Die spezielle Bodenbeschaffenheit hat die Bildung eine Wasserbeckens bewirkt, das 55 künstlich angelegte Becke füllt. Auf diesem torfbedeckten Areal dominiert eine Heide vegetation mit Erika, Wollgräsern und Heidelbeeren; es ist f die Jagd auf Waldhühner bestimmt und dient als Weidelar für Schafe.

Der südliche Teil, der White Peak, besteht hingegen aus ein Reihe von Hochebenen aus Kalkgestein, die von kleine abschüssigen Tälern (*dales*) und von klaren Wasserläufe durchzogen sind; der bekannteste unter ihnen ist der Dove. dieser Gegend befindet sich das Naturschutzgebiet mit einig der schönsten nationalen Eschenwälder und - aufgrund d strengen Weideverbots - eine reiche und verschiedenarti Flora mit seltenen Arten, wie die "Vogelnestorchidee", d Nieswurz, das Maiglöckchen und die gelbe Traubenhyazinth Überdies gibt es dort ein im Vereinigten Königreich selt gewordenes Habitat: die Kalkbodenwiese.

Der White Peak und der Dark Peak sind durch das Ho Valley getrennt, ein charakteristisches Gebiet mit Höhle natürlichen Stollen und Grotten mit Stalaktiten. Vertreter d Fauna sind vor allem der Goldregenpfeifer und der Brac vogel, die die Heide bevölkern sowie die Ringamsel, die den hohen Felsgipfeln lebt.

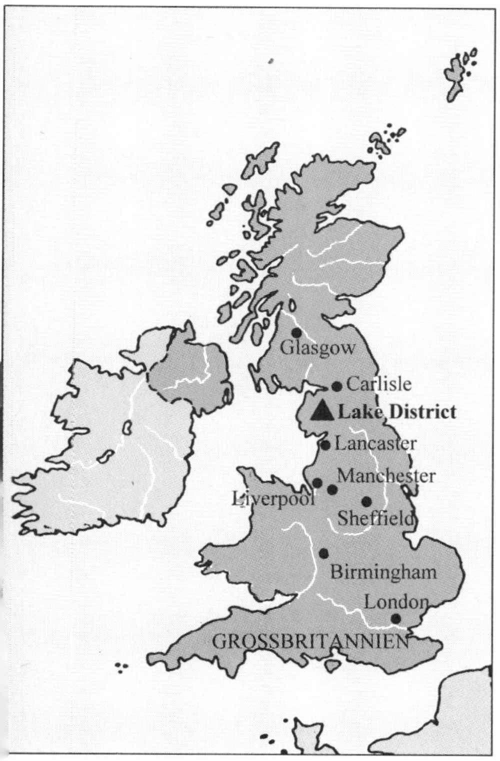

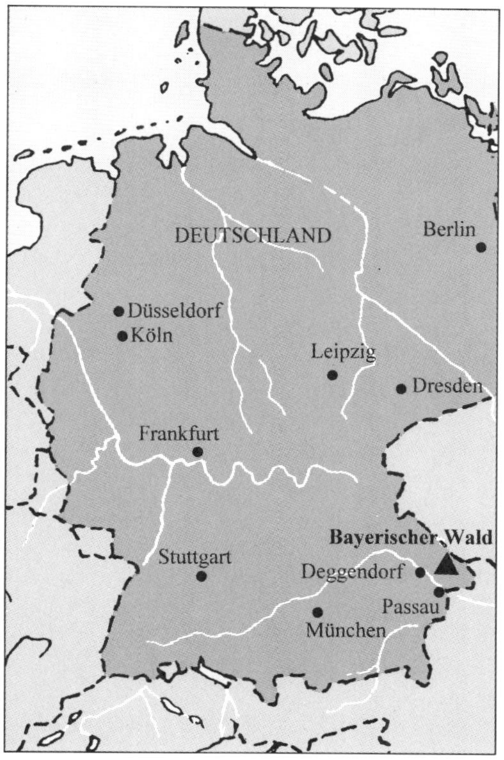

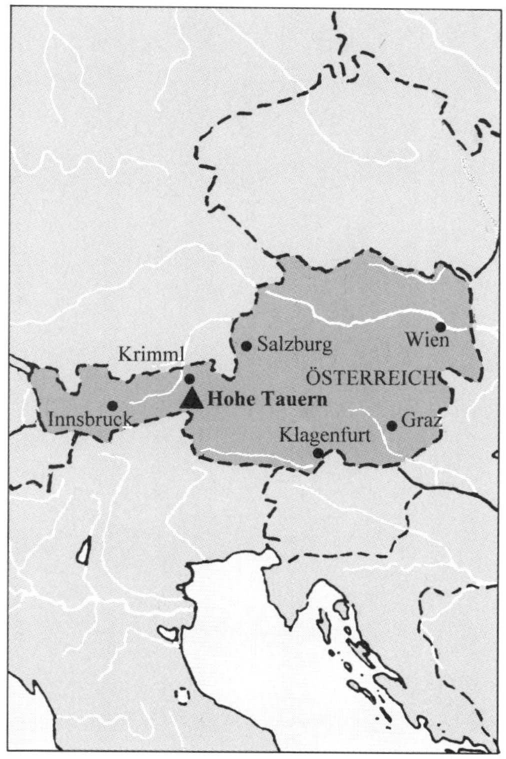

Nationalpark Lake District

Zwischen der Irrischen See und den alten kumbrischen Bergen in Nordwestengland erstreckt sich dieser Park von 2243 km² Fläche, das größte Schutzgebiet von Großbritannien. Erreichbar ist der Park sowohl von Carlisle im Norden als auch von Lancaster im Süden, indem man in beiden Fällen ein Stück der Autobahn M 6 und danach die Staatsstraßen A 66 bzw. A 591 benutzt. Das Gebiet ist ebenso per Bus und per Bahn erreichbar, und es gibt überdies regelmäßige 50minütige Flüge zwischen London und Liverpool. Der ganzjährig geöffnete Park umfaßt zahlreiche bewohnte Zentren (mit ca. 50.000 Einwohnern) und hat ein gut ausgebautes Straßennetz; die touristischen Einrichtungen sind ausgezeichnet, und die Informationszentren sind über das gesamte Gebiet verteilt. Vom Winter bis zum Sommer variiert die Temperatur zwischen 3 und 15 °C; die Jahresniederschläge liegen bei 1500 mm, mit Spitzenwerten im zentralen Teil des Parks. Dieses Gebiet wurde seit den ältesten Zeiten bewohnt, und es finden sich noch Überreste der antiken Zivilisationen: vom Stone Circle, der auf das Bronzezeitalter zurückgeht, bis zu Spuren keltischer Siedlungen und zu römischen Mauern aus dem 1. Jahrhundert n. Chr. In der Antike bedeckten dichte Wälder das gesamte Gebiet, aber schon die Wikinger begannen mit weiträumigen Abholzungen, die jahrhundertelang weitergingen und in der elisabethanischen Epoche den Erlaß von Gesetzen zur Überwachung der Anzahl der Bäume bewirkten. 1951 gründete die britische Regierung in dieser Region den zweiten Nationalpark des Landes. Im Park herrschen mäßig hohe, kuppelförmige Erhebungen vor, deren höchste, der Scafell Pike, 979 m hoch ist; die weit zurückliegenden eiszeitlichen Verschiebungen haben ein strahlenförmiges Talsystem mit steilen Wänden in diese Hügel gegraben. Im Gebiet gibt es viele Wasserläufe und Seen; unter letzteren sind die bekanntesten der Windermere, mit seinen 17,5 km Länge und 1,6 km Breite der größte See Englands, und der Wast Water, der tiefste See des Landes (79 m). Der nördliche Teil ist eher und vulkanischen Ursprungs; der Park schließt überdies einen Abschnitt der südwestlichen Küste von Cumberland mit ein. Das Territorium, das vier Naturschutzgebiete und 115 Bereiche von besonderem wissenschaftlichem Interesse enthält, ist überaus grün; Heideflächen wechseln ab mit Mooren und mit Nadel- oder Laubwäldern. Die lokale, nicht besonders artenreiche Fauna ist vertreten durch Rehe, Edelhirsche, Füchse, Marder und andere Kleinsäuger, darunter der Eichhörnchen, der in weiten Teilen der Insel inzwischen verschwunden ist. Weiter gibt es verschiedene Arten von Raubvögeln, den Wanderfalken, der nach einem verheerenden, durch Pestizide verursachten Massensterben an Zahl wieder zunimmt, und den Steinadler, der nach über einem Jahrhundert Abwesenheit seit den letzten 20 Jahren in England wieder aufgetaucht ist.

Nationalpark Bayerischer Wald

Die Fläche des Parks bedeckt ca. 130 km² des größten Waldgebietes in Zentraleuropa an der Grenze Bayerns zu Böhmen. Zum Park gelangt man von Grafenau, das von München (170 km südwestlich) über die Staatsstraße 11 mit einer Umleitung nach Deggendorf erreichbar ist. Oder von Passau (40 km südlich) über die lokalen Straßen 12 und 85. Es gibt Bahnverbindungen zwischen München und Passau (ca. 3 Stunden) und regelmäßigen Busverkehr zwischen Passau und Grafenau (ca. 2 Stunden). Der Park kann ganzjährig besucht werden und verfügt über ein Informationszentrum, Schutzhütten, Naturpfade und gekennzeichnete Wege; es werden überdies tägliche Führungen und wissenschaftliche Exkursionen organisiert. Das Klima ist durch eine mittlere Wintertemperatur von 1,5 °C und durch eine Sommertemperatur von 20 °C gekennzeichnet mit Jahresniederschlägen zwischen 1000 und 1600 mm. In der zweiten Hälfte des vorigen Jahrhunderts war die Gegend als Luftkurortgebiet und wegen der bedeutenden Holzproduktion bekannt; die menschlichen Niederlassungen brachten die Gefahr einer Zerstörung des ökologischen Gleichgewichts der Region mit sich und veranlaßten die Regierung zu immer strengeren Schutzmaßnahmen, bis zur 1970 erfolgten Einrichtung des Nationalparks, des ersten in der damaligen Bundesrepublik. In der Folgezeit sind die Auswirkungen der menschlichen Eingriffe allmählich verschwunden; die für den Holztransport veränderten Flußläufe haben wieder ihren ursprünglichen Verlauf angenommen, und die künstlich angelegten Entwässerungskanäle verstopfen sich und bilden dabei Moorflächen. Das geologisch aus Gneis und Granit bestehende Territorium erstreckt sich über eine wellige Tiefebene in Richtung Böhmen, wo es zu einer Reihe von bergigen Erhebungen sanft ansteigt. Hier befinden sich die höchsten Gipfel des Parks: Großer Rachel (1453 m) und Kleiner Rachel (1399 m). 98% der Oberfläche bedecken Bäume, die nur die Felsen der höchsten Gipfel frei lassen; die Wälder bestehen zum großen Teil aus Nadelbäumen, und in höheren Lagen herrscht die Rottanne vor. An den abschüssigen Hängen finden sich Stellen eines natürlichen Mischwaldes aus Tanne, Ahorn, Esche, Ulme, Kirsche und der seltenen Eibe, Zitterpappel und Erle; in tieferen Lagen bestehen die Mischwälder aus griechischer Tanne und Buche und aus einem Unterholz von Einbeere, Alpenlattich und Maiblume. In den feuchteren Tälern wachsen Tannen, Birken und verschiedene Orchideenarten und Moose; in manchen Gebieten werden die verbreiteten Torfmoore bis zu 5 m hoch und sind häufig bedeckt mit Bergkiefern, Heidelbeeren und Myrten. In diesem Habitat, in dem früher Bären, Wölfe und Wisente lebten, gibt es zur Zeit 200 Hektar umzäuntes Areal, in dem 30 der ursprünglichen Tierarten gehalten werden, darunter viele Waldvögel wie Falke, Kauz und Rotspecht.

Nationalpark Hohe Tauern

Der einzige Nationalpark in Österreich, mit einer Fläche von 2500 km², ist auf die Länder Salzburg, Tirol und Kärnten aufgeteilt und liegt in der Mitte der Ostalpen. Man erreicht ihn vom 70 km nördlich gelegenen Salzburg über die Autobahn E 14 und die Staatsstraße 311 bis Bruck oder vom 60 km westlich gelegenen Innsbruck über die Autobahn A 12 und die Staatsstraßen 169 und 165 ebenfalls bis Bruck, von wo man über die Großglockner-Autobahn in den Park gelangt.
Das Gebiet ist ganzjährig zugänglich und verfügt über die notwendigen touristischen Strukturen, die sich im Luftkurort Heiligenblut, dem südlichen Zugang, konzentrieren sowie in weiteren umliegenden Ortschaften. Im Innern gibt es darüber hinaus Schutzhütten und Wintersportanlagen. Im Winter liegt die mittlere Temperatur bei -3,5 °C, im Sommer bei 16 °C.
Die Niederschlagsmengen betragen ca. 1280 mm im Jahr. Ein kleiner Teil in diesem Park von 12 km² Fläche stellte bereits 1913 ein Schutzreservat dar; 1971 wurde das gesamte Gebiet einschließlich der Hohen Tauern und der angrenzenden Täler zum Nationalpark bestimmt, offiziell gegründet jedoch erst 1983.
Das Herz des Parks bildet das majestätische Massiv des Großglockners (3798 m), umgeben von zahlreichen anderen Berggruppen mit Höhen zwischen 3200 und 3600 m. Es gibt hier viele Gletscher, besonders erwähnenswert der 9,5 km lange und stellenweise bis zu 1600 m breite Pasterzengletscher. Die Gletscher speisen zahlreiche Wasserläufe, die häufig reizvolle Wasserfälle bilden; erwähnenswert die Krimmler Wasserfälle, die höchsten in Europa; an der Nordwestecke des Parks gelegen, stürzen sie in drei großen Sprüngen 400 m tief in das 1470 m hoch gelegene Tal der Krimml Ache.
Die Flora ist typisch für den alpinen und subalpinen Lebensraum, mit üppigen Bergwäldern und Hochalmen, die sich im Hochsommer mit blühendem Enzian, Alpenrosen, Anemonen und - natürlich - Edelweiß schmücken. Im Park leben, außer den großen, seit vielen Jahren aus den Alpen verschwundenen Raubtieren, alle Vertreter der charakteristischen Alpenfauna; man sieht häufig Steinböcke, Gemsen und Murmeltiere.
Unter den Vögeln, die dieses Gebiet bevölkern, sind von besonderem Interesse der Zwergkauz, der Schneefink, der majestätische Steinadler und, gelegentlich, der Bart- oder Lämmergeier, eine eher in Südeuropa verbreitete Art.
Man hat auch beobachtet, daß eine beschränkte Anzahl von Gänsegeiern, die von den balkanischen Ländern kommen, einen Teil des Sommers im Rauristal verbringen; dieser im Alpenraum früher sehr verbreitete Raubvogel ist heute überaus selten und findet aus diesem Grund eine besondere Beachtung durch den WWF, der ein spezielles Schutzprogramm erarbeitet hat.

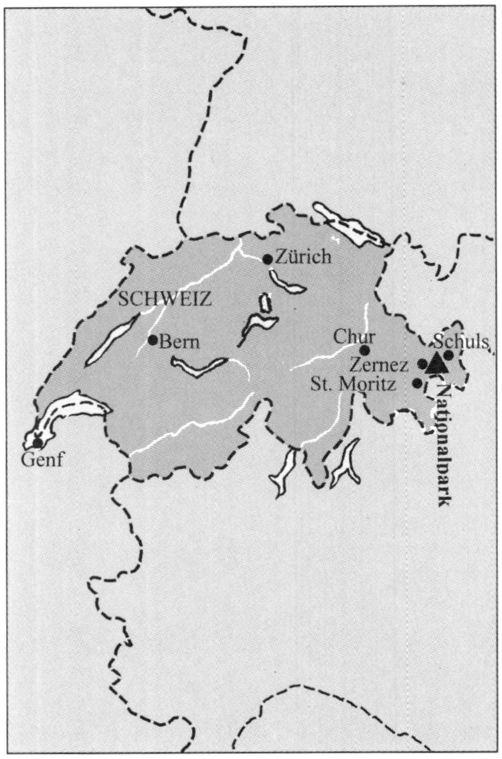

Schweizer Nationalpark

Der Park, der als einer der ersten in Europa begründet wurde, bedeckt eine Fläche von 168,7 km² im Kanton Graubünden. Die Hauptzugänge liegen bei dem 7 km nordwestlich gelegenen Zernez, dem Sitz des Informationszentrums, und beim 10 km nördlich gelegenen Schuls, einem der bekanntesten Luftkurorte der Schweiz. Es verkehren Busse von Zernez (ca. 20 Minuten) und von Zürich (4 Stunden). Auch mit den Bahnverbindungen Zürich-Zernez und Sankt Moritz-Zernez gelangt man zum Park. Das geschützte Areal ist ganzjährig geöffnet, kann im Winter jedoch nicht zu Fuß besucht werden; die Besucher müssen sich in jedem Fall stets an die gekennzeichneten Wege halten. Die touristischen Einrichtungen umfassen Wintersportanlagen und ein Hotel im Parkinneren. Im Winter wird eine mittlere Temperatur von -7 °C, im Sommer eine von 13 °C gemessen; die Niederschlagsmenge liegt im Jahr bei 1142 mm. Der Nationalpark, der einzige in der Schweiz, wurde 1914 auf einer Fläche von 138 km² gegründet und wurde später auf die heutigen Dimensionen erweitert. Dieses als ganzheitliches Naturschutzgebiet geführte Areal wurde von den anderen europäischen Ländern stets als ein Organisationsmodell betrachtet; menschliche Eingriffe erfolgen ausschließlich zur Erhaltung der Umwelt und zu wissenschaftlichen Zwecken.

Das bergige Gebiet des Parks liegt zum großen Teil über 2000 m und schließt über 3000 m hohe Gipfel mit ein. Trotz der beachtlichen Durchschnittshöhe der Region gibt es dort keine dauerhaften Gletscher. Die majestätischen Erhebungen sind von tiefen Tälern durchzogen, die bei der Ansiedlung der lokalen Vegetation eine überaus wichtige Rolle gespielt haben. Besonders das im nördlichen Teil des Parks gelegene Engadin, das durch den Inn als einziges das Donautal erreicht, stellt einen Zugang zur ungarischen Ebene dar. Wahrscheinlich haben sich gerade über diesen Weg im Park einige Pflanzenarten entwickelt, die für Osteuropa typisch sind, etwa die transsylvanische Mohrenhirse, die Rauke und das Heilglöckchen. Sehr verbreitet sind überdies Wälder mit der typisch alpinen Vegetation wie Föhre, Rottanne, Lärche, Zirbelkiefer; diese Wälder haben sich erst seit der zweiten Hälfte des vorigen Jahrhunderts ungestört entwickeln können, da zuvor - hauptsächlich zur Gewinnung von Holzkohle - eine intensive Ausbeutung betrieben worden war. Besonders zu erwähnen ist schließlich die Jahreszeit, in der Enzian, Steinbrech, gelbe Sommerröschen und andere Arten blühen. In der typischen Alpenfauna finden sich Edelhirsche, die sich nach einem kurzzeitlichen Verschwinden wieder vermehrt haben, Steinböcke, die ebenfalls zwischen 1920 und 1924 wieder angesiedelt wurden, Gemsen und Murmeltiere. Unter den Vögeln: der Auerhahn, der Schwarzspecht, das Steinhuhn und der Kolkrabe. Seltener sind die Raubvögel, etwa Steinadler und Eule.

Nationalpark Gran Paradiso

Der Park liegt im Westteil der Alpen zwischen Piemont u dem Aostatal; sein 547 km² großes Territorium grenzt i Südwesten an den französischen Park der Vanoise. Von Aos 10 km nördlich des Gran Paradiso, und von Pont Canave das unmittelber im Südosten und 50 km nördlich von Tu liegt, gelangt man bequem in das Schutzgebiet. Der Park ist jeder Jahreszeit geöffnet und bietet verschiedene Unt kunftsmöglichkeiten, Informationszentren (die nur im Juli u August betrieben werden), Einrichtungen für Wintersport u Klettertouren; es gibt überdies lokale Aufseher. Das Kli zeigt eine Durchschnittstemperatur von 3 °C im Winter u 22 °C im Sommer und Jahresniederschläge von ü 1500 mm. Dieses Territorium war seit 1851 zum Jagdgeb und fünf Jahre später zum privaten Jagdgelände der kön lichen Familie erklärt worden. Zu dieser Zeit waren jed schon Gesetze zum Schutz des Steinbocks in Kraft, einer die zu Anfang des 19. Jahrhunderts infolge wahlloser Jag bis auf eine einzige Herde dezimiert worden war. 1922 wu das Gebiet dem Staat übereignet, der dort den ers italienischen Nationalpark gründete; die heutigen Gren wurden 1979 festgelegt.

Das Massiv des Gran Paradiso (4061 m) beherrscht Landschaft des Parks; in sein quarz- und eisenhalti bergiges Gelände schneiden tiefe Täler ein, die es im Nor Westen und Süden begrenzen; zahlreiche Seen, Flüßc Gletscher und Schneefelder vervollständigen das Bild typischen Alpenlandschaft. Die Vegetation ist entprechend Höhenlagen unterschiedlich. Die untere Zone, von den Tä bis ca. 2300 m, ist vor allem von Nadelwäldern bedeckt, Lärche, Rottanne und Zirbelkiefer; wo diese sich lang ausdünnen, entwickelt sich eine Strauchzone aus Alpenr Holunder und Wacholder, die dann in den Wiesen Hochlagen ausläuft. Im Zentrum des Parks befindet sich ein alpiner botanischer Garten, der Paradisia, in dem ma großes Sortiment der charakteristischsten Pflanzen der Re sehen kann. Die lokale Fauna, die sich früher ihrer vollständig verschwundenen Bären, Wölfe, Luchse Bartgeier rühmte, umfaßt nun Alpensäuger wie Herme Murmeltiere, Füchse, verschiedene Hasenarten, Gemsen vor allem ca. 3000 Steinböcke. Diese letztgenannte verdankt in der Tat der Gründung des Parks ihre Rettun der vollständigen Ausrottung: Die Exemplare, die in di Gebiet überlebt hatten, waren die letzten Vertreter ihrer A gesamten Alpenraum. Ein sorgfältiges Schutzprogram ihre Vermehrung in einem Umfang erlaubt, daß sie au anderen Ländern, in Österreich, in der Schweiz u Frankreich, wieder eingeführt werden konnten. Der Paradiso beherbergt überdies mehr als 80 Vogelarten, da den Steinadler, den Uhu, das Alpenschneehuhn un Alpendohle.

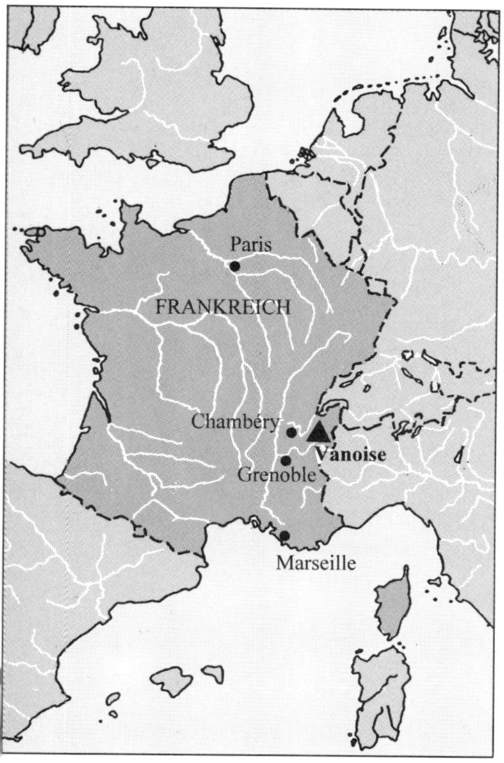

Nationalpark Vanoise

Der in den französischen Westalpen gelegene Nationalpark der Vanoise bedeckt eine Fläche von ca. 528 km², eingeschlossen die Täler der Arc und der Isère; seine nordöstliche Grenze fällt auf 7 km mit der südwestlichen Grenze des Gran Paradiso Parks zusammen. Hauptzugänge zum Schutzgebiet sind Val-d'Isère und Grenoble, eine Stadt, die über die Autobahn E 4 und die Staatsstraße 90 mit dem nördlichen Eingang verbunden ist. Von Grenoble, das auf dem Luftweg leicht zu erreichen ist, gibt es einen Bahn- und Busverkehr direkt zum Park.
Das Gebiet steht den Touristen das ganze Jahr offen; es gibt Hotels in den äußeren Regionen des Parks und Schutzhütten im abgelegenen Mittelteil; in Lanslebourg-Mont-Cenis existiert ein Informationszentrum. Einige Örtlichkeiten im Park sind auch als Wintersport- und Bergsteigerparadies bekannt.
Die Temperatur schwankt zwischen winterlichen 2 °C und sommerlichen 22 °C, und die am Ort gemessenen Niederschläge liegen bei 1500 mm im Jahr.
Der Vanoise ist der älteste Nationalpark in Frankreich; seine Gründung erfolgte 1963 und sieht ein totales Jagd- und Abholzverbot vor. Aufgrund spezifischer Gesetze unterstand das Ökosystem der Region allerdings bereits seit 1930 einem teilweisen Schutz.
Die majestätische Berggruppe im Zentrum ist der topographisch interessanteste Aspekt des Gebiets; die Gipfel erreichen Höhen zwischen 1250 m und den 3852 m des Grande Casse; die Hochlage hat diesen Teil vor einem allzu starken touristischen Ansturm bewahrt. Das Gesamtpanorama des Parks zeigt sich übersät mit Gletschern, Tälern, klaren Wasserläufen und kleinen Seen; unter den letzteren sind die im südlichen Teil an den Hängen des Grand Roc Noir gelegenen Seen von Lanserlia besonders reizvoll.
Die spezifische Berglandschaft zeichnet sich durch ausgedehnte Nadelwälder aus, deren Arten sich je nach der Höhenlage, der Feuchtigkeit und der Bodenbeschaffenheit unterscheiden und aus Lärchen, verschiedenen Tannen und Föhren bestehen, außer den Berg- und Zirbelkiefern, die höher hinauf bis zur Baumgrenze wachsen. Besonders in mittleren Lagen finden sich Pflanzen wie Preiselbeere, Felsenleimkraut und Teufelskralle, während die Almwiesen nach der Schneeschmelze eine Fülle von Enzian, Anemonen, Krokus und vielen anderen Blütenpflanzen aufweisen. In der heutigen Fauna der Vanoise finden sich Gemsen, Steinböcke (erst seit kurzem wieder eingeführt), Murmeltiere, Füchse, Dachse und andere Kleinsäuger.
Die großen Raubtiere, die bis zum vorigen Jahrhundert in diesem Raum lebten, sind mit der Tötung des letzten Bären, 1921, endgültig ausgestorben. Unter den Vögeln sind vor allem Bergfasan, Alpenschneehuhn, Tannenhäher, aber auch Adler und Bussard sehr verbreitet.

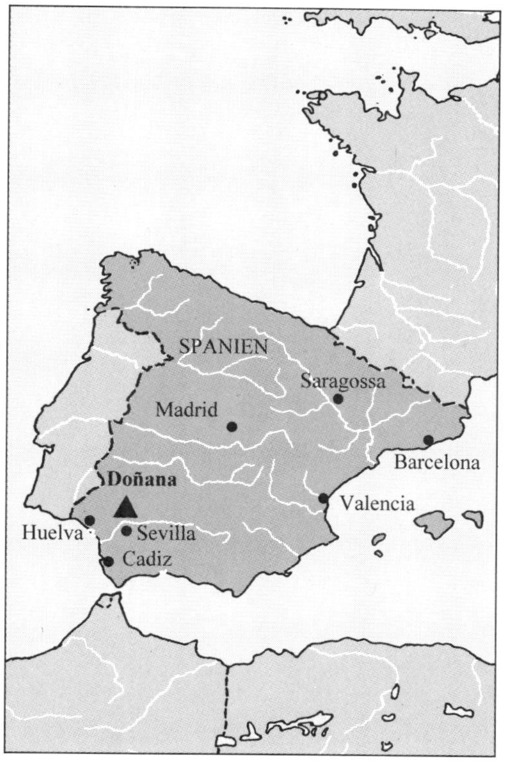

Nationalpark Doñana

Ein Areal von größtem wissenschaftlichen Interesse, das sich über 758 km² im Delta des Guadalquivir an der Südwestküste von Spanien erstreckt. Erreichbar ist der Park vom 50 km nordöstlich gelegenen Sevilla aus, im Auto oder per Bus (30 Minuten) über die Straße 431 bis nach Palma und von dort über die Straße 445, die über Almonte zum Dorf El Rocio an der nördlichsten Ecke des Doñana führt. Der Zugang vom Süden führt per Schiff von Cádiz bis Sanlúcar de Barrameda, von wo man den Fluß mit Touristenbooten hinauffahren kann. Zum Besuch des Parks ist eine Erlaubnis notwendig, die bei der Estacion Biologica de Doñana, mit Sitz in Sevilla, zu beantragen ist, außerdem ist die Begleitung eines Führers erforderlich. Die Routen (zu Fuß oder im Jeep) sind alle festgelegt und beginnen beim Informationszentrum La Rocina. In El Rocio befinden sich auch die beiden einzigen kleinen Hotels des Gebiets. Das ziemlich komplexe Klima kann als atlantisch beeinflußtes feuchtwarmes Mittelmeerklima definiert werden und zeichnet sich durch trockene und heiße Sommer mit mittleren Temperaturen von ca. 25 °C und milde, regnerische Winter (ca. 11,5 °C) aus. Die jährlichen Niederschläge betragen im Durchschnitt 500 mm und konzentrieren sich hauptsächlich im Frühjahr. Dieses Territorium wurde 1262 königliches Jagdgebiet, und im 17. Jahrhundert wurde dort das einzige feste Gebäude, der Palacio de Doñana, ein Jagdpavillon, erbaut, der heute eine biologische Forschungsstation beherbergt. Das Areal, das einzig intakte am Guadalquivir, wurde 1969 zum Nationalpark. 1978 wurde ein neues Gesetz verabschiedet, das die Grenzen auf die heutigen Ausmaße ausdehnte.
Im Innern der Dünen an der Küste ist das Gelände vollkommen eben; die Flußarme, die es durchqueren, formen sich in den Sümpfen zu flachen Kanälen, in denen das Wasser auch im Sommer steht, wenn die sumpfigen Flächen austrocknen. Vom Meer ausgehend bildet die Vegetation verschiedene Typen von natürlichen Wachstumsgemeinschaften aus; unmittelbar hinter den Sanddünen schlängelt sich eine Heide, in der Erika und Salzmelde vorherrschen und die von Pinienhainen durchsetzt ist; darauf folgt eine Savanne, in der einzelne Korkeichen hochragen und schließlich die *marismas*, die Sümpfe, wo Queller, Widerstoß und Arthrocnemum wachsen. Vor allem ist der Park jedoch wegen der Fauna berühmt, die dieses einzigartige Ökosystem bevölkert; in der Tat verzeichnet man 125 Arten von dort brütenden Vögeln und ebenso viele überwinternde Arten, zahlreiche Säugetiere, 17 Reptilienarten, 8 Fischarten und 9 Amphibienarten. Alle diese Varietäten sind zudem in einer hohen Anzahl von Exemplaren vorhanden. Zu den wichtigsten und seltensten im Doñana lebenden Tieren gehören Pardelluchs, Mungo, Königsadler, Mönchsgeier, Weißer Löffler, Augenfleckeidechse und Eidechsennatter.

Nationalpark Covadonga

Der Park liegt im Norden Spaniens, am Westhang der Picos de Europa, der höchsten Berggruppe der Kantabrischen Kette. Sein Territorium von ca. 170 km² wird gegen Osten vom Flußtal des Cares und nach Westen vom Deje begrenzt. Von der Stadt Oviedo (100 km westlich) ist der Park zu erreichen über die Staatsstraße 634, die bis Covadonga führt, einem Ort im äußersten Nordwesten des Schutzgebiets; von Santander (150 km nordöstlich) hingegen kann man über die Straße 6312 zum Nordeingang des Parks, Cangas de Onis, gelangen. Zwischen beiden genannten Städten und dem Covadonga bestehen direkte Busverbindungen; es gibt außerdem 50minütige lokale Flüge Madrid-Santander und die Bahnverbindung Madrid-Oviedo (ca. 8 Stunden). Der Park kann zu jeder Jahreszeit besucht werden; er verfügt über gute Infrastrukturen, wie Unterkünfte, befahrbare Straßen, Naturpfade und ist ein einladendes Ziel für Bergsteiger und Kletterer. Das Klima ist in den einzelnen Zonen recht unterschiedlich: im westlichen Teil werden jährliche Niederschlagsmengen von 1000 mm gemessen, auf den Bergen 1500 mm und im Osten schließlich 400 mm. Im Winter herrscht eine Durchschnittstemperatur von ca. 9 °C, während sie im Sommer bei 19 °C liegt.
Das unwegsame, karstige Gelände der Region trug in der Vergangenheit zur Befreiung Spaniens von der islamischen Herrschaft bei. 1918 wurde der Nationalpark, der erste in Spanien, gegründet, aber die Begrenzung des Schutzgebiets gab Anlaß zu verschiedenen Kontroversen, die in einer Reihe von Vorschlägen zu einer bis heute nicht verwirklichten Erweiterung mündeten.
Der Park umfaßt in seiner heutigen Gestalt eine Reihe von über 2400 m hohen Gipfeln, zahlreiche, in der Eiszeit entstandene Seen und eine Folge von dichten Wäldern und Weideflächen. Das Gebiet bewahrt noch einige Überreste der antiken Herrschaft der Westgoten, insbesondere die Steinbrücke aus dem 5. bis 7. Jahrhundert n. Chr. in der Nähe von Cangas de Onis. Obwohl es keine festen Siedlungen gibt, wird dort eine traditionelle Weidewirtschaft betrieben, sowohl in den niedrigen Lagen, wo es Heuwiesen gibt, als auch auf den hochgelegenen Sommerweiden.
Die Baumvegetation unterhalb der Hochlagen besteht aus Buchen, Eichen, Pyrenäen-Flaumeichen und Eiben, während die Bodenflora interessante Arten wie Hundszahngras, Pyrenäen-Blaustern, grüne Nieswurz und Borstensteinbrech enthält. Auf den Lichtungen der früheren Rodungsflächen wächst die kantabrische Erika zusammen mit der typischen Heidevegetation. Im Park leben außer zahlreichen Kleinsäugern auch Wildschweine, Füchse, Ginsterkatzen und Gemsen; die Vogelfauna umfaßt viele Sperlingsvögel wie den weißen Laubsänger und große Raubvögel wie den Gänsegeier und den Steinadler.

Nationalparks in Afrika

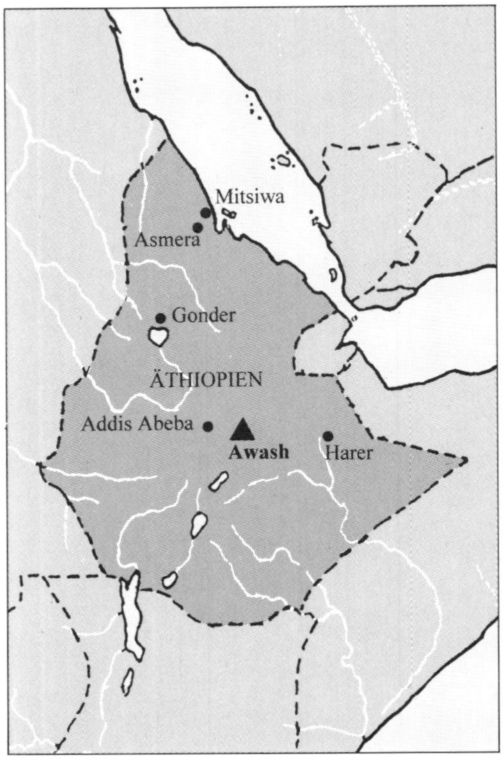

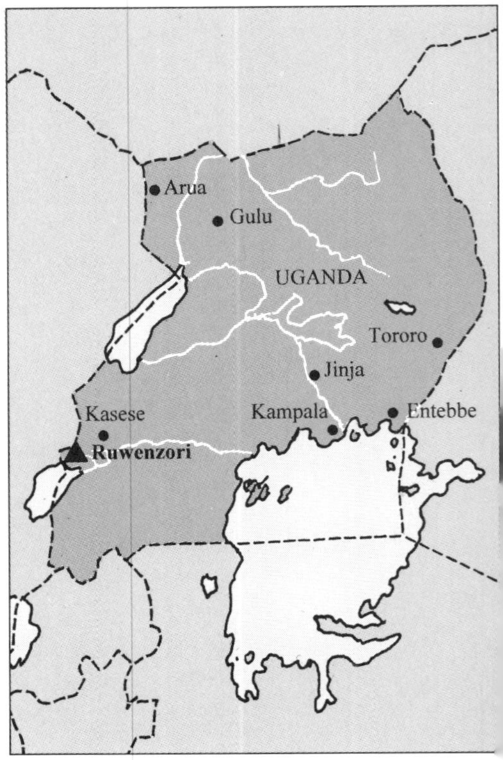

Nationalpark Awash

Das Schutzgebiet von 720 km² liegt im Innern des Horns von Afrika, im Osten Äthiopiens. Eine Staatsstraße verbindet ihn direkt mit dem 225 km westlich gelegenen Addis Abeba, von wo auch Züge und Busse in ca. 5 Stunden den gleichnamigen Ort Awash an der Grenze zum Park erreichen. Es handelt sich um ein ziemlich isoliertes und teilweise noch unerforschtes Territorium, das vor allem abenteuerlustige Touristen anzieht; es ist jedoch mit einer guten Anzahl von Unterkünften ausgestattet, die am Fluß Awash und im gleichnamigen Tal verstreut liegen.

Es gibt auch die Möglichkeit zu Trekking-Touren in der Begleitung von örtlichen Führern. Die günstigste Jahreszeit für den Besuch liegt zwischen Oktober und Februar; in dieser Periode fällt in der Tat überhaupt kein Regen, während es zwischen Juli und September starke Regenfälle gibt, zwischen März und Juni etwas schwächere.

Die mittlere Temperatur schwankt im Januar zwischen 24 und 6 °C, im Juli liegt das Maximum hingegen bei 21 °C und das Minimum bei 10 °C; die jährlichen, im allgemeinen nicht besonders ergiebigen Niederschläge betragen ca. 1250 mm. Diese Region, Teil eines uralten Landstrichs, in dem wahrscheinlich die Wiege der Menschheit stand, ist stets von den Nomaden des Umlands ausschließlich als Weideland genutzt worden.

Diese Völker siedeln sich manchmal für kurze Zeitabschnitte in der Nähe von Brunnen fest an. Dies alles hat die natürliche Umwelt nicht beeinflußt; sie ist über Jahrhunderte intakt erhalten geblieben, noch bis in die Zeit, in der die äthiopische Regierung beschlossen hat, das Gebiet unter spezifischen Schutz zu stellen, zunächst als Reservat (1961), später als Nationalpark (1964).

Das Territorium erstreckt sich hinter dem Danakil-Tiefland, im äußersten Osten des Rift Valley, das vom Roten Meer bis Kenia verläuft und Äthiopien in zwei Hälften teilt: Es besteht hauptsächlich aus bergigem Gelände auf einer Höhe zwischen 1200 und 1829 m und wird durch den Fluß Awash und ein Netz kleinerer Wasserläufe geprägt. Im nördlichen Teil erhebt sich der Vulkan Fantalle (2155 m), an dessen Basis zahlreiche Thermalquellen liegen. In der Nähe solcher Quellen wachsen Palmenwälder, die zusammen mit den an den Flußufern üppig wuchernden Tropenpflanzen das einzige Beispiel einer Regenwaldvegetation in diesem Gebiet darstellen.

Der größte Teil des Geländes ist in der Tat mit Savannen und dornigem Akaziengestrüpp bedeckt. Der Awash Nationalpark bildet den idealen Lebensraum für zahlreiche Säugetierarten, darunter Dik-Diks, Kudus, ostafrikanische Pferdeböcke, Sömmeringgazellen, Zebras, Paviane, Mantelpaviane, Leoparden und Schakale. Besonders reich ist auch die Vogelfauna dieser Gegend mit Straußen, Großtrappen, Marabus und Raubvögeln wie Bussard und Geier.

Nationalpark Ruwenzori

Ein Park in Uganda mit einer Fläche von 2200 km², der sic
unmittelbar an der Ostgrenze Zaires ausdehnt. Sein Te
ritorium verläuft entlang der äußersten Ausläufer und de
südöstlichen Basislinie der Ruwenzori-Kette. Man erreicht ih
aus der 20 km nördlich gelegenen Stadt Kasese, die über ei
420 km lange, gerade und ziemlich enge Straße direkt m
Kampala verbunden ist, von wo aus es Bahn- und Busverke
gibt (ca. 14 Stunden). Das Klima der Region ist ga
besonders mild, und die Temperatur hält sich das ganze Ja
um 23 °C; die jährlichen Niederschläge von 1180 mm ko
zentrieren sich hauptsächlich zwischen März und Mai (star
Regenfälle) und in schwächerem Maße zwischen Oktober u
Dezember. Die beste Zeit für einen Aufenthalt liegt daher
den trockenen Monaten; für Bergsteiger, die sich an d
Bergsteiger-Verband von Uganda wenden müssen, sind d
Monate Juni und Juli am günstigsten. Die touristisch
Einrichtungen, die unter der Diktatur und in den Kriegsjahr
erheblich beschädigt, mittlerweile aber zum großen T
wiederhergestellt worden sind, bestehen aus verschiedenen,
den schönsten Stellen gelegenen Hotels; ein Bootsverk
erlaubt naturwissenschaftlich sehr interessante Ausflüge. I
Europäer entdeckten diese wunderbare Region um die M
des 19. Jahrhunderts auf der Suche nach den Nilquellen. I
unglaubliche Schönheit der Landschaft veranlaßte bereits
englische Kolonialregierung dazu, dort einen Nationalpark
gründen, der zunächst Queen Elizabeth und später, ab 19
Ruwenzori genannt wurde.

Ein Zusammenspiel von hohen Bergen, Seen, Wasserläu
und Ebenen bildet das Panorama. Die Kette der Ruwenz
oder "Mondberge" ragt vom Nordwesten mit ihrem höchs
Gipfel, dem Margherita (5119 m), empor; im zentralen
schlängelt sich der Flußlauf des Kazinga Channel, ei
Kanals, der das Ostufer des Eduard-Sees mit dem Georg-
verbindet. Die Vegetation paßt sich dem Wechsel der g
graphischen Gegebenheiten an und bildet auf diese W
unterschiedliche Lebensräume aus, in denen eine reichhal
Fauna lebt. Entlang der Täler und der Wasserläufe und an
Seeufern erstrecken sich breite Sumpf- und Wiesenzonen,
von zahlreichen Wasservögeln und Nilpferdherden bevöl
werden; allein am Kazinga Channel gibt es ca. 70 Vogela
darunter den heiligen Ibis und den Flamingo.

Dahinter entwickeln sich Bereiche mit Tropenwäldern, di
eine Baumsavanne übergehen; diese Areale sind das T
torium der Schimpansen, Blauäffchen und der seltenen r
Seidenaffen sowie von Büffeln, Antilopen, Warzenschwe
und Großkatzen.

Der südliche Abschnitt des Parks zeichnet sich durch
außergewöhnliche Vorkommen von Kletterlöwen aus,
rend im allgemeinen Giraffen, Zebras und die in diesem
biet stark gejagten Nashörner fehlen.

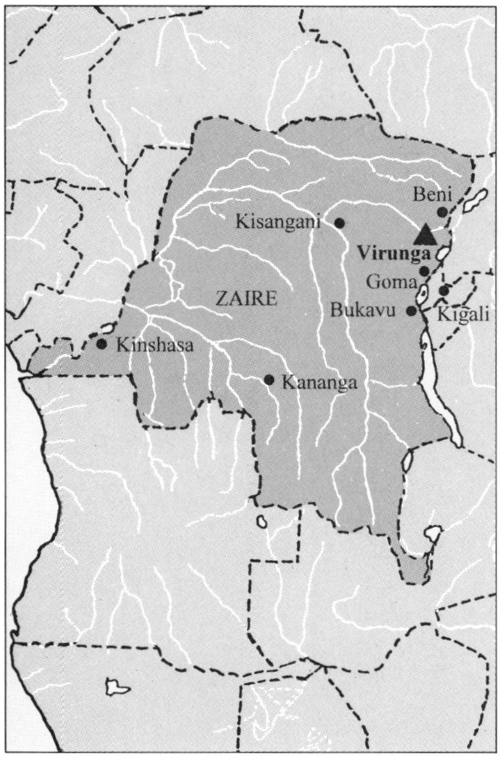

Nationalpark Virunga

Im Nordosten von Zaire, an der Grenze zu Uganda und Ruanda, erstreckt sich auf einer Länge von 300 km das Territorium des Virunga Parks mit einer Gesamtfläche von 7800 km². Die Ortschaften Beni, 10 km nördlich, und Goma, 20 km südlich am Ufer des Kiwu-Sees gelegen, bilden die Hauptzugänge zum Park. Goma ist per Flugzeug von Kinshasa in 3 1/2 Stunden zu erreichen.
Die besten Straßen zum Schutzgebiet führen von Ruanda aus. Das regionale Klima verzeichnet Jahresdurchschnittstemperaturen zwischen 22 und 28 °C, jährliche Niederschlagsmengen von 1700 mm und eine sogenannte "kleine Regenzeit" von März bis Mai, sowie eine "große Regenzeit" im Oktober und November. Für den Tourismus geeignet sind vor allem die trockeneren Jahreszeiten, da nur während dieser Perioden Touren ins Hochgebirge möglich sind. Der Park verfügt über gute Einrichtungen für Besucher und über verschiedene Unterkunftsmöglichkeiten.
Die Gründung des Nationalparks geht auf das Jahr 1925 zurück, als er unter dem Namen Albert Nationalpark zum ersten geschützten Areal des damaligen Belgisch-Kongo wurde. Die heutigen Grenzen wurden durch 1930 und 1935 erfolgte Gebietserweiterungen erreicht, die unter anderem auch die Virunga-Berge umfaßten. Die Landschaft der Region ist sehr variabel und bietet beträchtliche Höhenunterschiede, die zu deutlich differenzierten Vegetationszonen führen.
Den am tiefsten gelegenen Bereich bildet der Eduard-See (auf 912 m) mit der umliegenden Ebene, die von verschiedenen Wasserläufen durchzogen wird: Hier erstrecken sich die Savannen und die dichten Tropenwälder mit Palmen und Schlingpflanzen.
Im südöstlichen Teil erhebt sich die Gruppe der Virunga-Vulkane, von denen einige noch tätig sind, wie der Nyiragongo, der seit dem letzten Ausbruch 1977 immer noch mit Lava bedeckt ist; der höchste Gipfel der Virunga ist der Karisimbi mit seinen 4507 m.
Eine weitere bedeutende Gebirgskette liegt im nordöstlichen Teil Zaires: die Ruwenzori, ebenfalls vulkanischen Ursprungs, die auf ugandischem Gebiet über 5000 m erreicht; obwohl diese Bergmassive auf dem Äquator liegen, gibt es auf ihren Hochlagen Moränenareale, ewige Schneefelder und Gletscher. Auf den Abhängen beider Bergketten wachsen Wälder von Krüppelbäumen und Erika.
Hinsichtlich der Fauna ist der Virunga von größtem Interesse; außer den 1086 Vogelarten und den typischsten afrikanischen Großsäugern lebt hier auch der überaus seltene Berggorilla. Obwohl die verbliebenen Stämme dieser Art durch außergewöhnlich strenge Maßnahmen geschützt sind und sogar eigens ein Spezialfonds zu ihrem Schutz eingerichtet worden ist, reichen die bisher erzielten Ergebnisse nicht aus, ein mögliches Aussterben in naher Zukunft auszuschließen.

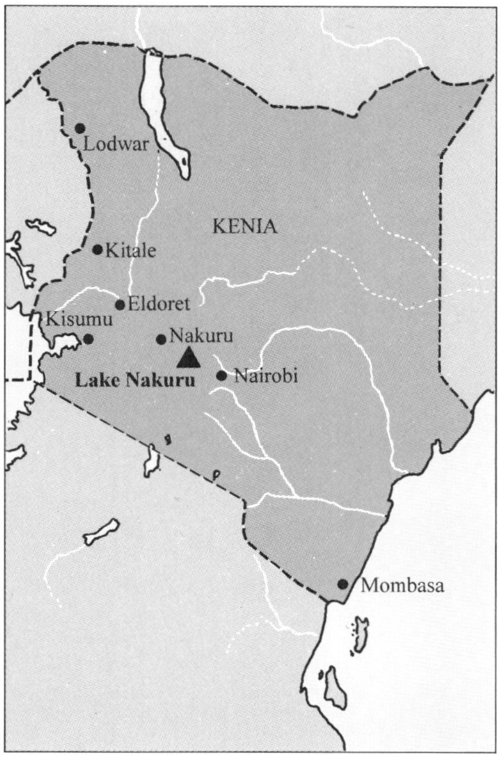

Nationalpark Lake Nakuru

Ein Park mit einer Fläche von 200 km², in der Nähe der Stadt Nakuru im südwestlichen Kenia; vom ca. 150 km südöstlich gelegenen Nairobi ist er mit dem Zug in ca. 5 1/2 Stunden, mit dem Bus in 3 Stunden zu erreichen. Zum Schutzgebiet gelangt man außerdem über den Uganda Highway, eine sehr angenehme Strecke, von der aus man das wunderbare Panorama des Naivasha-Sees bewundern kann, und die in die Nähe des Zugangs führt; die letzten 5 km müssen jedoch zu Fuß zurückgelegt werden. Die idealen Besuchszeiten liegen zwischen Juli und September und von Dezember bis Februar, wenn das Klima noch nicht durch die Regenzeiten beeinträchtigt wird und die Temperaturen um 16 bzw. 17 °C liegen. Die Jahresniederschlagsmenge beträgt ca. 930 mm: im einzelnen sind es im Januar 30 und im Juli 65 mm. Der Nakuru-See und sein Park sind ziemlich bekannt und werden hauptsächlich von Liebhabern des *bird-watching* aufgesucht, die hier zahlreiche Einrichtungen zu ornithologischen Studien vorfinden. Unterkünfte und Campingplätze liegen vor allem im südlichen Teil des Parks. Dieses Areal, das bereits seit 1960 als Naturschutzgebiet und seit 1967 als Nationalpark besteht, hatte lange Zeit ernsthafte Probleme mit dem ökologischen Gleichgewicht, die sowohl auf die Verschmutzung durch das naheliegende bewohnte Zentrum als auch auf eine in der Region herrschende Dürreperiode zurückgingen. Die von der kenianischen Regierung ergriffenen Maßnahmen, die auch dank der Hilfe durch den WWF möglich waren, und vor allem die wieder einsetzenden Regenfälle führten gegen Ende der 70er Jahre zu einer bemerkenswerten Verbesserung.
Die Fläche des Parks ist zum größten Teil von den flachen Wassern des gleichnamigen Sees bedeckt, an dessen Westseite sich die steile Wand des Rift Valley erhebt, während sich im Osten ein Hügelland aus Salzgestein ausdehnt. Früher hatte der Nakuru-See weit größere Dimensionen, sein Becken umfaßte auch den gesamten Südteil des Parks, wo sich heute eine breite Ebene ausdehnt.
Die Vegetation ist je nach der Beschaffenheit des Terrains sehr differenziert und besteht vorwiegend aus Sumpfpflanzen wie Sumpfbinsen und Binsengras und aus einigen Algenarten im See.
In den Hügeln ist Wolfsmilch verbreitet, während in dem flachen Areal im Süden Akazienwälder vorherrschen. Wie schon angedeutet wurde, ist der Nakuru sehr bedeutend wegen seiner reichhaltigen Vogelfauna, worunter es zahlreiche Arten von Wasservögeln gibt, wie etwa Pfeifenten, Rotrückenpelikane und über 2 Millionen Flamingos, die alle an den Seeufern nisten; darüber hinaus gibt es zahlreiche Zugvögel wie Schnepfen, Regenpfeifer, Reiher und verschiedene Raubvögel wie den Sekretär und den Wanderfalken.
Es fehlen jedoch auch nicht Gazellen, Antilopen, Nagetiere und Nilpferde.

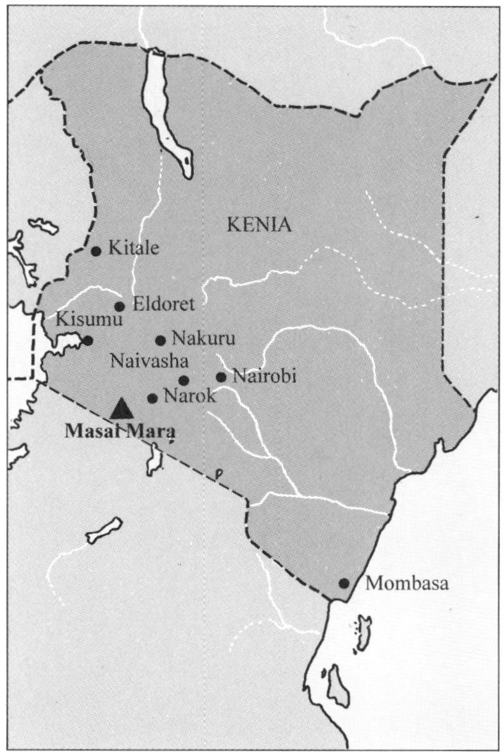

Nationalreservat Masai Mara

Im Südosten von Kenia erstreckt sich über 1671 km² das Reservat Masai Mara, das im Süden an den tansanischen Serengeti Park angrenzt. Von Nairobi ist das Gebiet über die 260 km lange, über Narok führende Strecke des Ganda Highway erreichbar; auf dieser Strecke besteht auch ein 5 Stunden dauernder regulärer Busverkehr. Die für einen Besuch günstigsten Zeiten liegen zwischen Juli bis September und Dezember bis Februar; das Klima in den dazwischenliegenden Jahreszeiten zeichnet sich dagegen durch starke Regenfälle aus. Die lokale Jahresdurchschnittstemperatur hält sich nahezu konstant bei Werten von 17 °C im Januar und 16 °C im Juli, mit selten über 25 °C steigenden Maxima und nie unter 10 °C fallenden Minima.
Die jährliche Niederschlagsmenge liegt bei 970 mm. Das Reservat ist mit guten Einrichtungen für die Aufnahme von Besuchern versehen; unter anderem stehen malerische, mit jeglichem Komfort ausgestattete Unterkünfte im Massai-Stil zur Verfügung. Das Touristenbüro organisiert außer den üblichen Safaritouren im Jeep auch eindrucksvolle Ballonfahrten. Unter der britischen Herrschaft wurde diese Region 1961 zum Tierreservat erklärt. Kurze Zeit danach wurde ein umliegendes Gebiet darüber hinaus als Nationalpark unter Schutz gestellt; 1977 schließlich wurde das Territorium von 1812 km² auf die heutigen Ausmaße verkleinert und als nationales Reservat mit absolutem Jagdverbot begründet. Den dort seit Jahrhunderten angesiedelten Massai wurde ein Bleiberecht zugestanden.
Das Gebiet ist ein Teil des Rift Valley, das entstanden ist aus Erschütterungen in der Verwerfung, die sich durch den Westen Kenias zieht und sich als eine hügelige Hochebene darstellt, die im Norden, Osten und Westen von Bergen mit senkrecht abfallenden Wänden begrenzt wird.
Der Mara und seine Zuflüsse durchqueren dieses abgeschlossene Territorium und ihre Ufer sind die einzigen Stellen, an denen Streifen eines üppigen Regenwaldes wachsen. Stärker verbreitet ist hingegen die typische Vegetation der Savanne mit niedrigem Gestrüpp und Akazien; während der Regenzeit färbt sich die Landschaft intensiv grün, in den Trockenperioden hingegen rotbraun. Im Reservat leben zahlreiche Tiere, die sich auf ihren jahreszeitlichen Wanderungen in den Serengeti zu einer riesigen dunklen Kolonne quer durch die Savanne formieren.
Vertreten sind die typischen afrikanischen Großwildarten wie Löwen, Geparden, Panther, Büffel, Gnus, Zebras, Antilopen, Elefanten sowie schwarze und weiße Nashörner. Letztere sind aufgrund der Wilderei noch immer in ernsthafter Gefahr auszusterben. Entlang der Wasserläufe gibt es außerdem einige Exemplare von Flußpferden. Die Vogelfauna umfaßt 53 Arten von Raubvögeln, und in den feuchten bewaldeten Streifen leben Käuze, Perlhühner und Wildgänse.

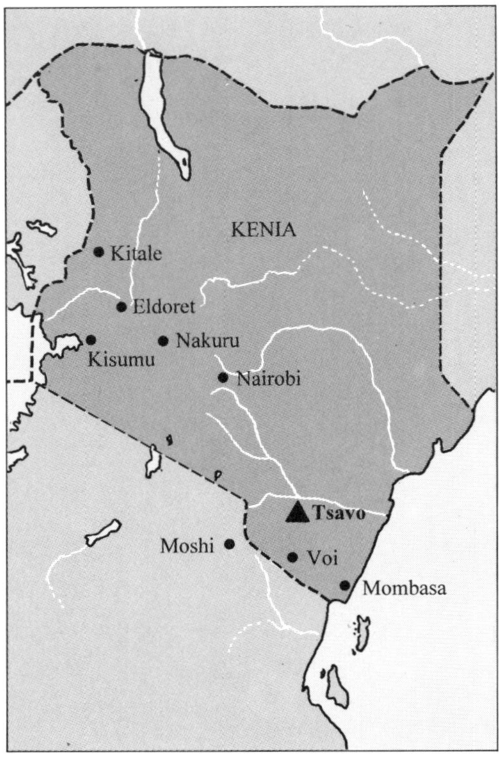

Nationalpark Tsavo

Er ist mit gut 20.821 km² der größte Park in Kenia und befindet sich im Südosten des Landes auf halber Strecke zwischen Nairobi (360 km nordwestlich) und dem Indischen Ozean. Das Gebiet ist gut erreichbar und wird sogar von der wichtigen Bahnverbindung Nairobi-Mombasa und dem Mombasa Highway durchquert. Es besteht auch ein guter und regelmäßiger Busverkehr, mit dem man in ca. 5 Stunden von der Hauptstadt zum Eingang des Parks gelangt. Der beste Zeitraum für den Aufenthalt liegt zwischen Juni und Februar, die Zeit zwischen März und Mai hingegen ist ungeeignet, da sie mit der Regenzeit zusammenfällt. Die Niederschläge betragen jährlich etwa 800 mm, und die Temperatur variiert zwischen 25 °C in der heißesten Zeit und 20 °C während der kühleren Monate. Der Park ist ein recht bekanntes touristisches Ziel und verfügt über die angemessenen Ausstattungen, darunter verschiedenartige Unterkunftsmöglichkeiten und Campingplätze; auch der für Besucher weniger ausgerüstete Teil im Osten bietet immerhin zwei bequeme Touristendörfer. Bereits seit den Anfängen der britischen Kolonisierung wurde dieses uralte Land der Massai als ein riesiges Jagdgebiet betrachtet. Trotz der 1948 erfolgten Gründung des Nationalparks und trotz der Schutzmaßnahmen, die die neue Regierung von Kenia ergriff, ging die Ausrottung von Elefanten und Nashörnern unvermindert weiter; seit Ende der 70er Jahre gelten jedoch strengere Gesetze, die anscheinend zu guten Ergebnissen geführt haben. Den östlichen Teil des Parks bildet die halbwüstenartige, lavabedeckte Hochebene Yatta, die sich als eine Abfolge von Prärien und Baumsavannen darstellt, wo einzelne Exemplare von Akazien, Baobab-Bäumen und Kandelaber-Euphorbien wachsen.

In diesem Gebiet gibt es unterschiedlich wasserreiche Flußläufe, darunter der Galana, der aus dem Zusammenfluß des Athi und des Tsavo entstanden ist. Das westliche Gebiet ist hingegen bergig, mit Erhebungen, die vulkanischen Ursprungs sind und Höhen von 2500 m erreichen. Im Süden, ca. 50 km entfernt von den Bergen, entspringt eine Quelle, die eine für die Fauna des Parks sehr kostbare Oase schafft. Dort leben über 60 Arten von Säugetieren: Großkatzen wie Löwen, Panther und Geparden sowie Antilopen, Gazellen, Kleinkudus, Savannenaffen, Gelbpaviane und afrikanische Büffel; auch Elefanten sind in großer Zahl vorhanden, obwohl sie bereits einer starken Ausrottungsgefahr ausgesetzt waren. Noch ernster gefährdet ist das schwarze Nashorn, das immer noch strengsten Schutz benötigt, da es inzwischen nur noch ganz selten vorkommt. An den Mzima-Quellen gibt es schließlich Flußpferde und Krokodile, die sich mit Hilfe einer eigens eingerichteten Unterwasser-Beobachtungsstation betrachten lassen. Der Park ist auch ein ideales Ziel für Ornithologen, da dort über 400 Vogelarten leben.

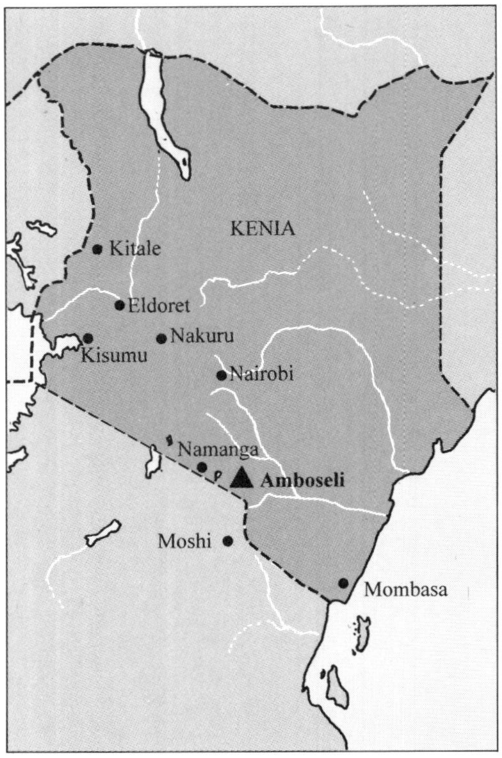

Nationalpark Amboseli

Ein Schutzgebiet von 392 km², das am Fuß des Nordwest-Abhangs des Kilimandscharo, im äußersten Süden von Kenia liegt. Erreichbar ist er sowohl im Auto, als auch mit dem Bus in ca. 4 Stunden von der Hauptstadt Nairobi aus, über 360 km der Namanga Route, die die 60 km westlich vom Park gelegene gleichnamige Stadt durchquert. Das Klima weist zwischen März und Mai eine Zeit starker Regenfälle auf, während es für den Rest des Jahres außergewöhnlich mild und für den Aufenthalt geeignet ist. Im Januar, dem heißesten Monat, erreicht das Maximum ca. 30 °C und das Minimum ca. 17 °C; im Juli hingegen liegt das Maximum bei 25 °C und das Minimum bei 16 °C. Die 800 mm der jährlichen Niederschläge fallen vorwiegend in den Monaten der Regenzeit; die diesbezüglichen Messungen im Januar und im Juli ergeben Mengen von 35 bzw. 25 mm. Der Park, der bevorzugt von Liebhabern des *bird-watching* aufgesucht wird, ist durchgehend von Touristen bevölkert, die eine gute Organisation und zahlreiche Unterkünfte vorfinden. Dies brachte verschiedene Veränderungen der Umwelt mit sich, wie etwa die Nutzung des Bodens zu landwirtschaftlichen Zwecken und den Bau von Siedlungen für die Europäer, die sogenannten *white highlands*. Vor allem gab es einen enormen Zustrom von Jägern, die zu der in dieser Region bereits vorhandenen, aber beschränkten Gruppe von Elfenbeinhändlern noch hinzukamen. Unmittelbar nach der 1963 erreichten Unabhängigkeit erkannte die Regierung von Kenia den ernsten Gefahrenzustand, auf den der natürliche Reichtum der Nation zusteuerte, und versuchte, Abhilfe zu schaffen. 1974 wurde der Nationalpark Amboseli gegründet, und drei Jahre später wurde für ihn ein umfassender Schutz angeordnet.

Die Ebene, die das Areal des Parks ausmacht, enthielt früher das Becken des Amboseli-Sees, der vollkommen ausgetrocknet und durch ausgeworfene Asche und Lava des Kilimandscharo aufgefüllt worden ist; es handelt sich in weiten Teilen um ein trockenes Gebiet mit alkalischen Böden; darin gibt es jedoch zwei einzigartige Sumpfzonen, die unter dem Morast verschiedene ständig sprudelnde Quellen verbergen. Vervollständigt wird das Panorama der Region durch Gruppen von niedrigen Hügeln (ca. 100 m), die auf vulkanische Erscheinungen zurückgehen. Infolge der unterschiedlichen Geländeformen besteht die Vegetation aus dornigen Strauchpflanzen, savannenartigem Bewuchs mit Akazien sowie aus Sumpfpflanzen wie Sumpfbinse. Diese Umweltbedingungen bilden jedoch ein hervorragendes Habitat für zahlreiche Tiere, von den afrikanischen Großsäugern zu den über 50 Wasservogelarten: unter den Hauptvertretern sind Elefanten, Flußpferde, schwarze Nashörner, Büffel, Kudus, Giraffen, Löwen, Panther und Paviane; außerdem Pelikane, Enten, Schnepfen und Kormorane.

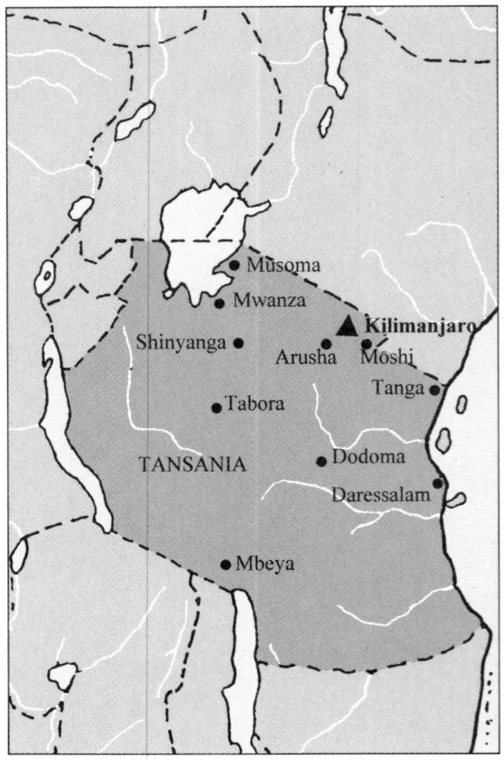

Nationalpark Kilimanjaro

Ein Park auf einer Fläche von 756 km², die hauptsächlich aus dem majestätischen gleichnamigen Berg besteht, der sich im Nordosten von Tansania an der Grenze zu Kenia erhebt. Der Zugang ist recht einfach, da das Schutzgebiet nur 50 km von der südlich gelegenen Stadt Moshi entfernt ist, zu der von Daressalam aus regelmäßige Verkehrsverbindungen mit der Bahn (17 Stunden), mit Bussen (12 Stunden) und mit dem Flugzeug (45 Minuten) bestehen. Außerdem bietet das Straßennetz über Moshi die direkte Anbindung der Hauptstadt an den Park. Die lokalen touristischen Einrichtungen rühmen sich einer großen Zahl von Schutzhütten, die bis in beachtliche Höhen an den Hängen des Kilimandscharo verteilt liegen, sowie etlicher Pfade, die bis zum Gipfel hinaufführen; die Leitung des Parks organisiert Touren ins Hochgebirge, die jedoch auch einzeln unternommen werden können. Das Gebiet kann zu jeder Jahreszeit außer der zwischen März und Mai liegenden Regenzeit besucht werden. Die mittlere Temperatur schwankt in den niedrigen Lagen des Parks zwischen 25 °C (mit Maxima von 33 °C im Januar) und 20,5 (mit Maxima von 25 und Minima von 16 °C im Juli). Die jährliche Niederschlagsmenge liegt bei 800 mm. Diese Region wurde in Europa in der zweiten Hälfte des vorigen Jahrhunderts bekannt, nachdem J.Liepmann als erster Weißer 1848 an den Fuß des Kilimandscharo vorgestoßen war und damit den Weg zu einer Reihe von Forschungsexpeditionen eröffnet hatte. Der Gipfel wurde 40 Jahre später, 1889, durch Hans Meyer bezwungen und von Wilhelm II. von Preußen seinen afrikanischen Hoheitsgebieten angegliedert. Nach dem Ersten Weltkrieg ging das gesamte Territorium auf das britische Königreich über und erreichte 1963 die Unabhängigkeit; es war die tansanische Regierung selbst, die - da sie die große Bedeutung des Kilimandscharogebiets für die Natur und für den Tourismus erkannte - 1973 beschloß, dort einen Nationalpark zu gründen.

Das berühmte, das Areal beherrschende Bergmassiv besteht aus drei Vulkanen: der höchste Gipfel, der Uhura Peak, mißt 5895 m und liegt zwischen einer 5270 m hohen östlichen und der ältesten 4000 m hohen westlichen Spitze. Die Vegetation unterscheidet sich nach der Höhenlage. In einer unteren, südlich gelegenen Zone besteht sie aus dichten Wäldern mit üppig wachsenden Kampfer- und Vogelbeerbäumen und den riesigen Farnen im Unterholz; im Norden begünstigt ein trockeneres Klima das Wachstum von Oliven und Nadelbäumen.

In Höhen von ca. 3000 m finden sich Wiesen, Aschenkraut und Erika, die in noch höheren Lagen kargen Steppen, nacktem Felsgestein und schließlich ewigem Schnee weichen. Die reichhaltige Fauna umfaßt Kudus, Stummelaffen, Blauaffen, Büffel, Panther, Elefanten und schwarze Nashörner. Unter den Vögeln sind Adler und Stare am verbreitetsten.

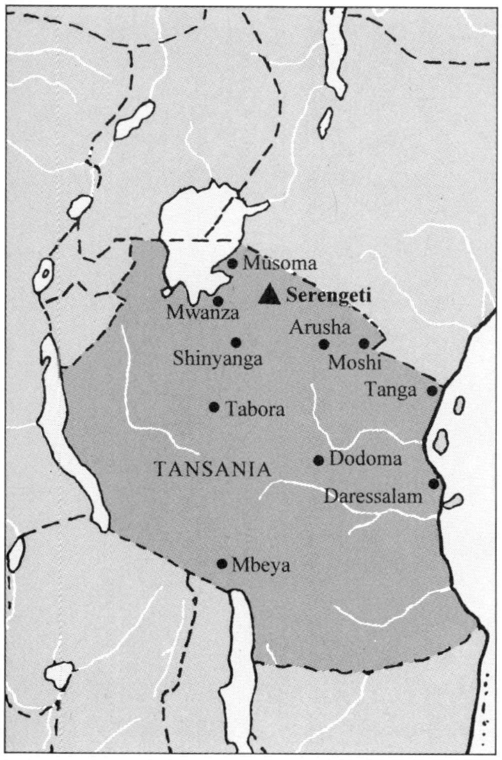

Nationalpark Serengeti

Er ist eines der größten und berühmtesten Schutzgebiete in Ostafrika; seine Fläche von 12.500 km² erstreckt sich im Norden von Tansania bis zur Grenze zu Kenia, unmittelbar östlich des großen Victoria-Sees. Um das Gebiet zu erreichen, fährt man in ca. 14 Stunden mit dem Bus oder in 20 Stunden mit dem Zug von Daressalam bis Arusha (200 km südöstlich); von hier gelangt man über Makuyuni in die unmittelbare Nähe des Parks. Flugverbindungen von 45 Minuten Dauer bestehen nur zwischen der Hauptstadt und Moshi (300 km südöstlich). Das Klima zeigt einen konstanten Wechsel zwischen kalten Nächten und sehr heißen Tagen mit einer Temperaturschwankung von 15 °C; die Temperatur variiert im Jahr von mittleren 21 °C im Januar, wenn das Maximum über 35 °C liegt, bis zu einem Mittel von 17 °C im Juli. Die Luftfeuchtigkeit beträgt 40%, und die jährlichen Niederschläge liegen bei ca. 800 mm, die sich vor allem auf die beiden Regenzeiten zwischen März und Mai sowie zwischen November und Dezember verteilen. Der Serengeti ist stets für Besucher zugänglich; er verfügt über ein gutes internes Straßennetz, ein Direktions- und ein Forschungszentrum inmitten des Territoriums. Bis zum vorigen Jahrhundert, als von Norden die Nomadenstämme der Massai auf der Suche nach Weidegründen herunterzogen, hatte sich die Umwelt dort durch die Jahrtausende intakt erhalten und damit ihrer Fauna und Flora eine Entwicklung in vollkommenem Gleichgewicht erlaubt. Gegen Ende des 19. Jahrhunderts kamen allmählich auch die Europäer, zuerst die Deutschen, dann die Engländer (1917).

Die seßhaft gewordenen Herden der Massai und die Großwildjagden der Weißen machten es schon 1921 notwendig, das Gebiet unter Schutz zu stellen; in den folgenden Jahren wurde daraus ein umfassender Schutz, und 1951 wurde der Nationalpark gegründet. 1974 wurde das Gebiet des Ngorongoro-Kraters abgetrennt und zu einem eigenen Park erklärt.

Die Landschaft besteht aus einer weiten Lavaebene, aus der einzelne vulkanische Erhebungen ragen, die zumeist von einer Grassavanne und weiter im Zentrum von einer Baumsavanne bedeckt sind. Entlang der Flußläufe schlängeln sich die einzigen Streifen mit Galeriewäldern, die sich überwiegend im westlichen Teil konzentrieren, wo es auch kleine Seen und wasserreiche Tümpel gibt. Das Panorama des Serengeti zeichnet sich jedoch vor allem durch die Anwesenheit zahlreicher, wunderschöner Tiere aus. Hier leben fast alle Arten der afrikanischen Großsäuger, Gnus, Zebras, Giraffen, Antilopen und Gazellen, die während ihrer periodischen Wanderungen ein überwältigendes Schauspiel bieten. Den Serengeti bevölkern ebenso Löwen, Geparden, Leoparden, Hyänen und Hyänenhunde, Elefanten und schwarze Nashörner, um nur die repräsentativsten zu nennen.

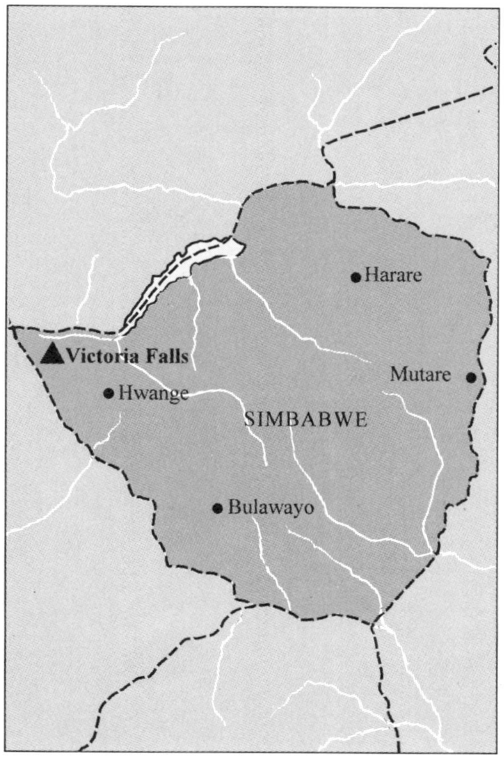

Nationalpark Victoria Falls

Im westlichsten Zipfel von Simbabwe, an der Grenze zu Sambia, liegt der Nationalpark Victoria Falls, eben an den Wasserfällen, deren Namen er trägt. Das nur 19 km² große Areal ist vom 440 km südöstlich gelegenen Bulawayo über die nach Hwange (oder Wankie) führende Staatsstraße A 6 oder per Bahn erreichbar. Die Zimbabwe Airlines organisieren außerdem von der Hauptstadt Harare (früher Salisbury) 3stündige Direktflüge zum Park. Die beste Jahreszeit für den Tourismus liegt zwischen April und Oktober, da die Regenzeit von November bis März dauert. Die stärksten Niederschläge gibt es in der Tat im Januar (1700 mm), während es im Juli und August nahezu gar nicht regnet; das Jahresmittel liegt hingegen bei 500 mm. Im Januar beträgt die mittlere Temperatur ca. 26 °C, mit Spitzen bis zu 32 °C, während sie im Juli auf etwa 17 °C fällt. Der Park ist für Touristen gut ausgestattet; entlang des Zambezi sind unterschiedliche Hotels verteilt, und es gibt zwei Panoramastraßen, den Zambezi Drive und den Chamabonda Drive, von denen aus das grandiose Schauspiel der Wasserfälle bewundert werden kann; außerdem stehen den Touristen Flugzeuge und Boote zur Verfügung. Ihren Namen verdanken die Victoriafälle dem schottischen Forscher David Livingstone, der sie 1855 entdeckte und zu Ehren der Königin von England so taufte. Die Entstehung der Wasserfälle liegt 150 Millionen Jahre zurück. Man hat errechnet, daß sie sich ursprünglich etwa 150 km talabwärts von ihrer heutigen Lage befunden haben, und daß sie sich im Lauf der Jahrhunderte aufgrund der ständigen Erosion des Basaltgrundes, über den der Zambezi strömt, talaufwärts geschoben haben. Heute befinden sich die Victoriafälle etwa auf der halben Strecke des großen Flußlaufs und erstrecken sich über eine Breite von 1700 m. Die Wasserfälle unterteilen sich in fünf Abschnitte, Devil, Maine, Horseshoe, Rainbow und Eastern genannt. Während der Regenzeit haben sie einen Wasserdurchfluß von 545 Millionen Litern in der Minute und stürzen mit ohrenbetäubendem Dröhnen und in einem über 500 m hohen Wasserschleier herab: ein begeisterndes und in seiner Großartigkeit zugleich beängstigendes Schauspiel. Die Vegetation ist differenziert und entwickelt in den weiter vom Fluß entfernten Bereichen eine Savanne, in der vereinzelte Affenbrotbäume wachsen. Die Täler, die Auffangbecken der früheren Wasserfälle, sind von dichten Regenwäldern bedeckt, in denen Palmen, Farne und Schlingpflanzen wuchern. An den Ufern des Zambezi sind Teakbäume vorherrschend. Die lokale Fauna besteht vorwiegend aus Antilopen, afrikanischen Büffeln, Wildschweinen, Kudus, Schwarzfersenantilopen und verschiedenen Hirscharten. Seltener trifft man auf Elefanten und Flußpferde. Im Park leben überdies zahlreiche Vögel, darunter sehr seltene Arten wie der Rotaugentaucher.

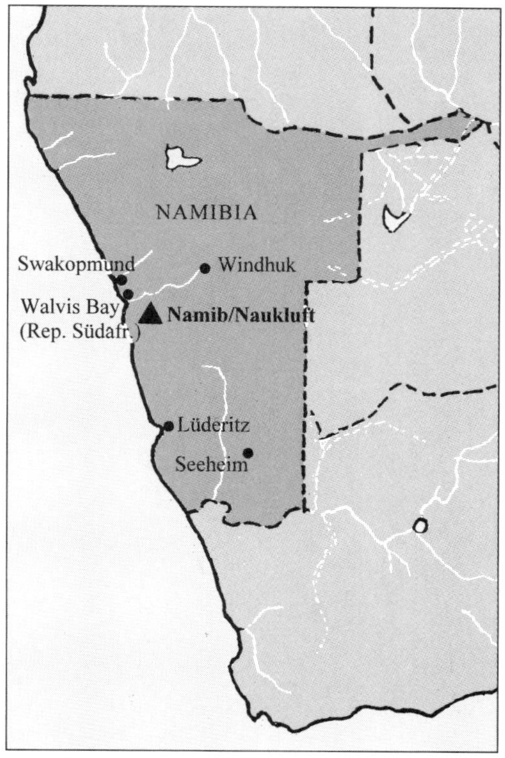

Nationalpark Namib/Naukluft

Der Park erstreckt sich im zentralwestlichen Namibia über 24.010 km²; innerhalb seiner Grenzen liegen Territorien, die zuvor in zwei Schutzgebiete unterteilt waren, in den Nationalpark Namib Desert, der sich auf einem atlantischen Küstenstreifen entlang zieht, und den Nationalpark Naukluft Mountains Zebra. Die einzige Zugangsstraße zu der ganzjährig geöffneten Region besteht aus einer nicht asphaltierten Straße, die mit der 160 km östlich gelegenen Hauptstadt Windhuk verbunden ist. Die einzig vorhandenen touristischen Einrichtungen bestehen aus einigen Campingplätzen. Besucher, die Ausflüge abseits der angezeigten Wege machen möchten, müssen eine spezielle Erlaubnis bei den dazu autorisierten Ämtern einholen. Die mittlere Temperatur schwankt zwischen 23 °C im Januar, mit Maxima von 30 °C und Minima von 17 °C, und 12 °C im Juli, wobei das Maximum bei 20 °C und das Minimum bei 6 °C liegt. Die spärlichen Niederschläge, die hauptsächlich zwischen Januar und März fallen, liegen bei etwa 370 mm im Jahr und bleiben im Juli gänzlich aus. Die Wüste Namib hat dieses Gebiet für Jahrtausende abgeschnitten und dort ein wirkliches Eindringen der Europäer, die sich im vergangenen Jahrhundert in großen Teilen des Kontinents ansiedelten, verhindert. Die wenigen, die in diese Region vordrangen, verursachten jedoch mit ihren wahllosen Jagden die vollkommene Ausrottung von Löwen, Giraffen und anderen Großsäugern. Diese besorgniserregende Entwicklung gab 1904 den entscheidenden Anstoß zur Schaffung eines Nationalparks in der Wüstenzone; der Naukluft wurde hingegen erst 1968 gegründet.

Elf Jahre später wurden die beiden Areale unter gleichzeitiger Erweiterung miteinander vereinigt, so daß ein weiteres vor jedem ökologischen Schaden geschütztes Gebiet geschaffen worden ist. Innerhalb der Grenzen des Parks liegen Landschaften von einzigartigem Zauber wie die Wüste oder der schmale Lagunenstreifen, der sie im Westen vom Ozean abtrennt; und auch das Tal des nun völlig ausgetrockneten Flusses Kuiseb, oder die felsige Bergkette des Naukluft (1974 m), die ganz Namibia in Nordsüdrichtung durchquert.

Die dürftige Vegetation besteht vorwiegend aus Alophyten und Kakteen, die eine Steppenzone bilden und, längs der Küste, aus grasartigen Pflanzen, die gegen die salzhaltige Umgebung resistent sind.

Die sehr reichhaltige Vogelfauna umfaßt 150 dort nistende Arten und ca. 20 Zugvogelarten. Die Sandwich Lagune nimmt in der heißesten Zeit nicht weniger als 80.000 Zugvögel auf, darunter viele Schnepfenarten, die aus den arktischen Tundren kommen. Zahlreich sind auch die Flamingos, ca. 35.000; weniger hingegen die Großsäuger, Hyänen, Schakale, Antilopen, die für den Naukluft typischen Bergzebras und entlang des ausgetrockneten Flußbettes des Kuiseb Gruppen von Klippspringern.

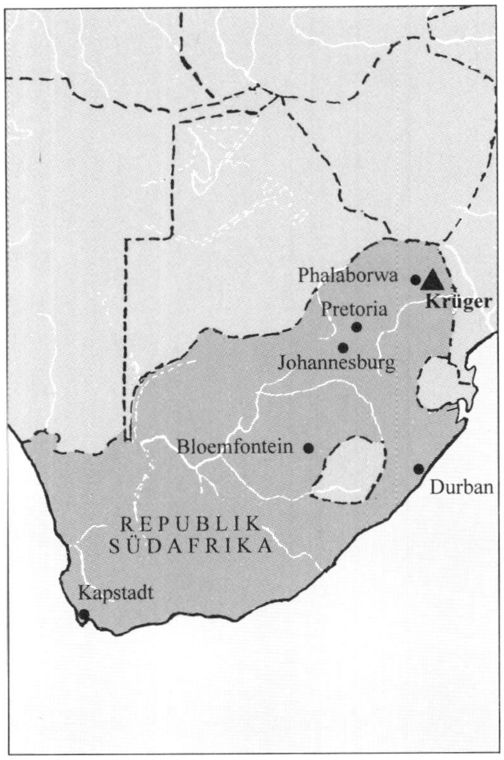

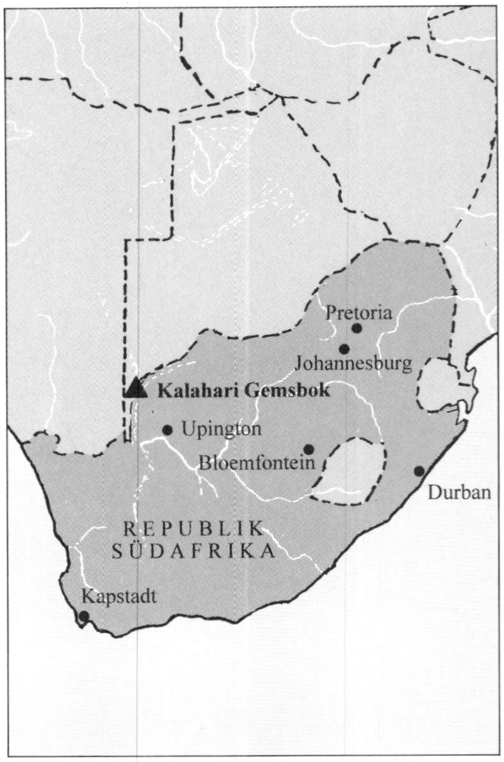

Krüger-Nationalpark

Ein großes Naturschutzreservat im Nordosten von Transvaal, das auf einer Länge von 386 km die Grenze zu Mosambik bildet und sich durchschnittlich 60 km tief in westöstlicher Richtung ausdehnt; unter Schutz steht eine Gesamtfläche von 19.485 km². Zahlreiche Verkehrsmittel erlauben die einfache Verbindung von Johannesburg (430 km südwestlich gelegen) und dem Krüger-Park: lokale Flugzeuge und Züge, die in 2 bzw. 9 Stunden die Ortschaft Phalaborwa erreichen, die an der Westgrenze, 50 km vom Zentrum des Parks entfernt liegt; außerdem Busse, die bis ins Innere des Schutzgebiets fahren. Ein Zugang ist zu jeder Jahreszeit möglich, und den Touristen stehen eine große Zahl von Campingplätzen, typischen Unterkünften und Restaurants sowie 2400 km befahrbare Straßen zur Verfügung. Es werden Safaris in das Gebiet organisiert, die zur Vermeidung von Gefahren ausschließlich mit dem Auto durchgeführt werden müssen. Das lokale Klima weist eine Regenzeit von Dezember bis Februar aus und eine Dürreperiode von Juni bis August. Die mittlere Temperatur liegt im Januar bei 26 °C und fällt auf 23 °C im Juli, wenn das Minimum bei etwa 8 °C liegt; in diesen beiden Monaten betragen die Niederschläge 50 bzw. 5 mm. Die Region wurde ab 1898 teilweise unter Schutz gestellt, als Präsident Krüger dort die Einrichtung eines Tierreservats beschloß. 1927 wurde mit dem Anschluß weiterer bereits geschützter Territorien der heutige Park gegründet. Morphologisch gesehen besteht das Gebiet aus der Hochebene des westlichen Transvaal, welche sich nach Osten hin zur mäßig hohen Bergkette des Lebombo erhebt. Dieses wellig erscheinende Land wird von zahlreichen Flußläufen durchquert; die bedeutendsten darunter sind der Limpopo und der Luvuvhu im Norden und der Krokodilfluß im Süden; überdies gibt es dort überall Wasserlöcher, die in der Trockenzeit größtenteils austrocknen. Die typische Vegetation der strauchbewachsenen Savanne und der dürren Wälder, die von verkrümmten *raintrees* und majestätischen Affenbrotbäumen beherrscht werden, bedecken alle Teile des Parks und schaffen damit den Lebensraum für eine unglaubliche Anzahl von Tieren. Gerade die Fauna bildet das Hauptmotiv für das Interesse am Krüger-Park. Es finden sich darin nicht weniger als 33 Amphibienarten, 100 Arten von Reptilien, 45 Fischarten, 450 Vogelarten und über 120 Arten von Säugetieren. Jede dieser Arten ist durch überaus zahlreiche Exemplare vertreten; eine kürzlich durchgeführte Zählung kam zu folgendem Ergebnis: ca. 900 Leoparden, 300 Geparden, 7500 Elefanten, während die Anzahl der weißen wie auch der schwarzen Nashörner sehr beschränkt bleibt. Verbreitet sind auch Löwen, Hyänen, Zibetkatzen, Giraffen, Zebras und Schwarzfersenantilopen; an den Flüssen gibt es mehr als 3000 Krokodile, und unter den zahlreichen Vögeln sei besonders auf den Strauß verwiesen, der im zentral-nördlichen Gebiet lebt.

Nationalpark Kalahari Gemsbok

Der Park mit einer Fläche von 9591 km² liegt in der Republik Südafrika, an der Grenze zu Namibia und Botswana. Um das Gebiet vom 800 km östlich gelegenen Johannesburg zu erreichen, gelangt man per Flugzeug (2 Stunden), per Bahn (19 Stunden) oder mit Bussen (15 Stunden) zunächst nach Upington; von dort führt die Straße Nr. 360 zum 350 km entfernten Kalahari. Die Orte in der Nähe des Parks bieten für Touristen eine ausreichende Anzahl von Unterkünften, zumeist in einfachen Hütten. Die beste Jahreszeit für Besuche liegt zwischen März und Oktober, wenn die Temperatur erträglicher ist. Die Mittelwerte im Januar, im Hochsommer, liegen in der Tat bei 30 °C, mit Tagesspitzen von 40 °C, während im Juli die Temperatur bis auf 15 °C fällt. Das Halbwüstenklima verzeichnet eine Jahresniederschlagsmenge von 127 mm. Die Kalahariwüste, in der der Park liegt, stellt seit den ältesten Zeiten - möglicherweise seit 25.000 Jahren - das Territorium der Buschmänner dar. Die einzigen Europäer, die in diese unwirtliche Region eindrangen, waren Schmuggler und Abenteurer jeglicher Art. In der Folge beschloß die Regierung, angesichts der besorgniserregend anwachsenden Jagden, das lokale Ökosystem mit der 1931 erfolgten Gründung des Nationalparks unter Schutz zu stellen. 1971 wurde diesem das unmittelbar auf der Grenze zu Botswana gelegene Schutzgebiet Gemsbok angegliedert.
Das Wüstengebiet des Parks wird von den Flußbetten zweier großer Flüsse durchzogen, dem des Nossob im Nordosten und dem des Auob im Süden, die nahezu immer ausgetrockne sind; in der Tat spricht man von nur dünnen Rinnsalen, die im Abstand von Hunderten von Jahren dort fließen. Die beiden Flußbetten, deren weißer Sand einen Kontrast zur roten Wüst bildet, vereinigen sich am Südeingang des Schutzgebiets i der Stadt Two Rivers. Entlang ihrer Ufer winden sic Asphaltstraßen, auf denen man weiter in das Parkgebie vordringen kann. In einigen Bereichen erstreckt sich di Savanne mit Büschen, Stachelbeersträuchern und Akazier Angesichts der seltenen Wasserlöcher sind die Wildgurke überaus wichtig, da sie eine kostbare Flüssigkeitsquelle für di Tiere darstellen. Der charakteristischste Vertreter der lokale Fauna ist der *gemsbok*, der dem jüngsten Teil des Parks de Namen gegeben hat. Es handelt sich um eine Antilopenart m bis zu einem Meter langen, schwertförmigen Hörnern, m bräunlichem Fell und einem weißen, vom Hals bis zu de Flanken verlaufenden Streifen; eine Besonderheit, die de *gemsbok* von anderen, kleineren Antilopenarten unterscheide ist seine Gewohnheit, in Herden zu wandern, auf die ma überall im Park treffen kann. Außer dieser pflanzenfressende Art gibt es auch zahlreiche Fleischfresser wie Löwen, Panthe Geparden und Hyänen. Die Vogelfauna zählt über 200 Arte besonders den Strauß und, unter den Raubvögeln, Adler u Falken.

Nationalparks in Asien

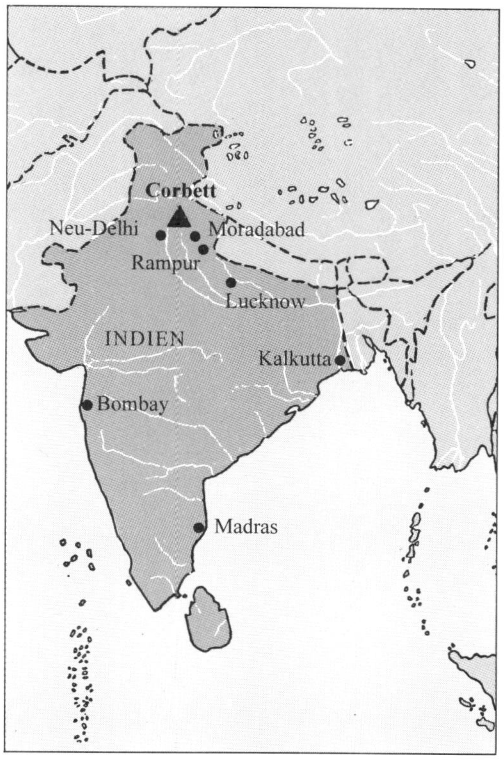

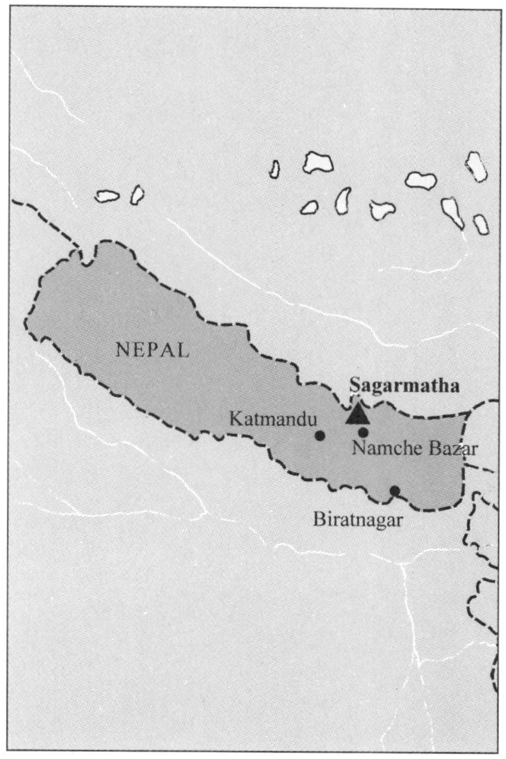

Nationalpark Corbett

Der Corbett Park befindet sich in Nordindien, genauer gesagt, bedeckt er eine Fläche von 521 km² in der Region Uttar Pradesh. Vom 245 km südwestlich gelegenen Neu-Delhi verkehren Busse und Züge dorthin, die in weniger als 8 Stunden Rāmnagar, einen 20 km vom Eingang entfernten Ort, erreichen; von hier aus ist es einfacher, für die Weiterfahrt Jeeps oder Kleinbusse zu mieten, da die zwar existierenden Linienbusse nur selten verkehren. Das Schutzgebiet steht den Besuchern von Mitte November bis Mitte Juni offen, mit Ausnahme des zentralen Teils, der für die Öffentlichkeit immer unzugänglich bleibt. Darüber hinaus gibt es verschiedene Bereiche, die nur mit Führern betreten werden dürfen. Der Park kann etwa 150 Personen beherbergen, und es sind eigens Stände zur Tierbeobachtung eingerichtet worden sowie Panoramawege, die auch auf dem Elefantenrücken erlebt werden können. Das lokale Klima wird durch die Monsune bestimmt, die einen Wechsel von drei Jahreszeiten bewirken: den Winter von November bis Februar mit Nachttemperaturen von 4 °C und Tagestemperaturen von 25 °C; den Sommer von März bis Juni, mit nächtlichen Werten um 22 °C und Tageswerten von 44 °C; und schließlich die Regenzeit zwischen Juli und Oktober, während der es häufig zu Überschwemmungen kommt. Die Niederschläge sind gebietsweise unterschiedlich und betragen durchschnittlich 2300 mm im Jahr. Der Corbett ist der älteste Nationalpark Indiens; er wurde bereits 1936 gegründet zum Schutz eines Gebiets, das im Vergleich zum heutigen erheblich kleiner war. 1973 wurde das Areal, mit Zustimmung der indischen Regierung, zu einem Projekt des WWF auch zum ersten, speziell zur Rettung des Tigers gedachten Reservat.

Die Region ist vorwiegend hügelig und erreicht mit dem Berg Kanda eine maximale Höhe von 1210 m; das bedeutendste der sie durchquerenden Flußtäler ist das des Rāmganga, eines Gangesnebenflusses, der auf einem hohen, noch nicht bezwungenen Himalajagipfel entspringt.

Die konstant hohe Luftfeuchtigkeit der Umgebung bewirkt eine starke Verbreitung von Sumpfpflanzen, die die häufig überschwemmten Uferdämme bedecken sowie das üppige Wachstum undurchdringlicher Dschungel, in denen hohe Teakbäume dominieren.

Der Lebensraum erweist sich als überaus geeignet für zahlreiche Tierarten mit 585 Vogelarten, darunter indische Geier, Nashornvögel, Käuze, Reiher und Kormorane.

Die 26 Reptilienarten sind hauptsächlich durch Krokodile, Boas und Königskobras vertreten, und zu den 50 Säugetierarten zählen vor allem indische Elefanten, Antilopen, Makaken, Hyänen und Schakale, Wildkatzen, Panther und Tiger. Von diesen letztgenannten herrlichen Großkatzen leben im Corbett, nachdem sie durch Jäger und Wilderer nahezu ausgelöscht worden waren, heute wieder 4000 Exemplare.

Nationalpark Sagarmatha

Das Territorium des Parks bedeckt 1243 km² im Zentralgebiet der Himalaja-Kette an der Grenze zu Tibet, 165 km nordöstlich von Katmandu. Von dieser Stadt gelangt man bis auf 15 km an den am Fuß des Mount Everest gelegenen Eingang mit Bussen (in ca. 10 Stunden) oder mit lokalen Flügen (40 Minuten) heran; das letzte Stück der Strecke muß jedoch zu Fuß zurückgelegt werden. Die beste Jahreszeit für Besuche liegt zwischen Oktober und Mai; Touren ins Hochgebirge empfehlen sich in den Perioden März - Mai und Oktober - Dezember. Der Sagarmatha verfügt über vollständige touristische Einrichtungen, die außer verschiedenen Unterkunftsmöglichkeiten auch ein Museum umfassen sowie Besucherzentren und ein Touristenbüro, in dem man Dolmetscher und örtliche Führer finden kann. Die Niederschläge, die im Lauf des Jahres etwa 1000 mm betragen, fallen zu 80% zwischen Juni und September, während die übrigen Monate ziemlich trocken sind. Die Durchschnittstemperatur im Januar liegt bei 0 °C, im Juli steigt sie bis auf 25 °C; sowohl die Niederschläge als auch die Temperaturen beziehen sich auf die etwa 3000 m hoch gelegenen niedrigeren Lagen des Parks. Dieses Gebiet ist nicht nur als Ziel für Bergsteiger sehr bekannt, sondern auch als eine historisch interessante Gegend; in dem Territorium erheben sich zahlreiche buddhistische Tempel (*Gompa*), die von den tibetanischen Volksstämmen der Sherpa errichtet worden sind. Die Landschaft des Parks ist überaus eindrucksvoll und wird von den hohen Bergmassiven des Himalaja beherrscht, die innerhalb seiner Grenzen in den 8848 m des Everest gipfeln. Der Gipfel wurde 1852 von den Europäern entdeckt, aber erst 1953 nach einem Jahrhundert vergeblicher Versuche bezwungen; 1976 beschloß die Regierung von Nepal, in der Region des Mount Everest einen Nationalpark zu gründen, um deren einzigartige Umwelt und die traditionellen Bewohner unter Schutz zu stellen. Zwischen den steilen Bergwänden schlängeln sich tief eingeschnittene Täler, in denen häufig ausgedehnte Gletscher liegen, wie der Gujumba im Tal Gokio, und die mit zahlreichen kristallklaren Seen übersät sind.

Die für den Park charakteristische Vegetation unterscheidet sich stufenweise in Abhängigkeit von der Höhenlage: von 3000 bis 4000 m besteht sie aus einer Abfolge von Kiefern und Tannen, Birken und Azaleen, danach aus niedrigen Sträuchern, die immer vereinzelter wachsen und schließlich über 4500 m in ausgedehnte Hochgebirgswiesen übergehen. Moose und Flechten sind die letzten Pflanzenvertreter, die ab ca. 6000 m dem ewigen Schnee weichen. Die das Gebiet bevölkernden Säugetierarten sind nur wenige wie etwa die Schneekatze, der tibetanische Bär und die Himalajagemsen; es gibt außerdem 118 Vogelarten, darunter den weißen Bartgeier und den Raben, die bis auf die höchsten Höhen vordringen (ca. 8000 m).

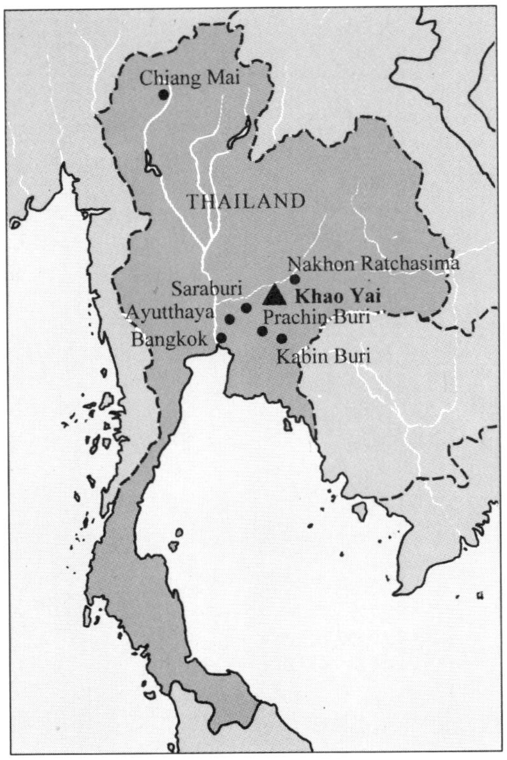

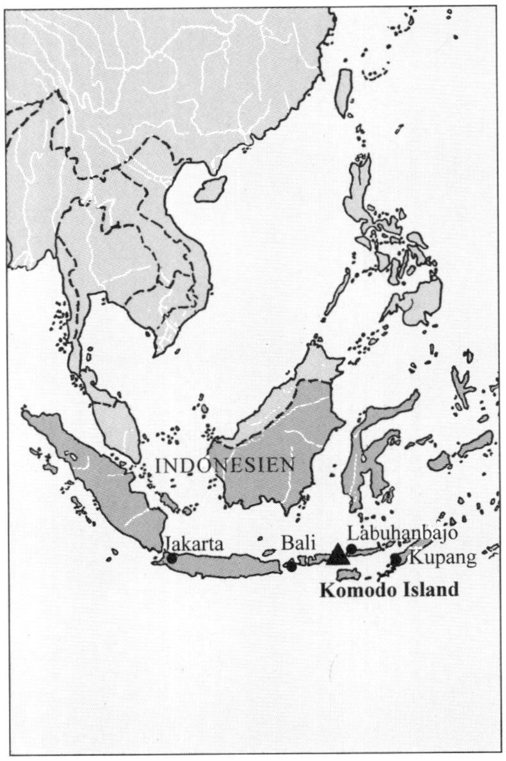

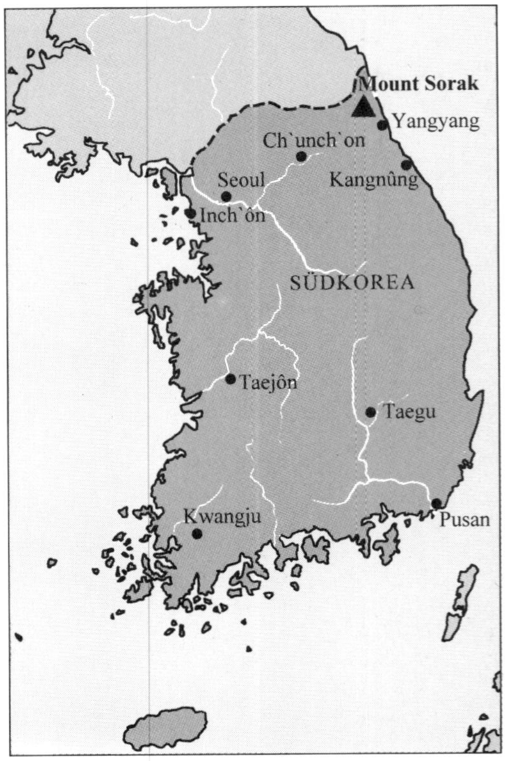

Nationalpark Khao Yai

Ein geschütztes Areal, das sich auf einer Fläche von 2168 km² am äußersten südöstlichen Rand der 160 km nordöstlich von Bangkok gelegenen thailändischen Hochebene von Khorat ausdehnt. Von dieser berühmten Stadt führen die Autobahnen 1 und 2 in Richtung des Parks; außerdem gibt es regelmäßige Bus- und Bahnverbindungen, die in 5 bzw. 4 Stunden Pak Thong Chai erreichen, einen Ort, der 40 km vom Eingang entfernt liegt und einen sehr guten Zubringerdienst mit Jeeps unterhält. Die einfache Zugangsmöglichkeit hat aus dieser Region einen der bekanntesten Ferienorte des Landes gemacht; der Park ist mit allen touristischen Einrichtungen ausgestattet, die außer zahlreichen Unterkünften und Campingplätzen auch Golfplätze, Auto- und Fahrradverleih, Tierbeobachtungsstationen, Trekkingpfade und Autobahnabschnitte durch die Wälder beinhalten.

Der ganzjährig geöffnete Park verzeichnet eine mittlere Jahrestemperatur von ca. 23 °C und Niederschläge, die zwischen 1920 mm in der von Mitte Mai bis Oktober dauernden Regenzeit und 15 mm in den beiden trockensten Monaten Dezember und Januar variieren.

Die durchschnittliche Luftfeuchtigkeit der Region erreicht ein Niveau von 86%. Vor etwa 60 Jahren siedelten sich in diesem Territorium ungefähr 30 Familien an, die mit der Abholzung der Berghänge begannen. Im Laufe von wenigen Jahren wuchs die Einwohnerzahl beträchtlich, da zunächst Bauern und Jäger, später zahlreiche Flüchtlinge hinzuzogen; daraus entwickelte sich bald ein Aufstand der Siedler gegen die Regierung, deren Reaktion darin bestand, sämtliche Einwohner aus dem Gebiet zu vertreiben und dort 1962 einen Nationalpark zu gründen. Das Gebiet unterteilt sich in unterschiedliche Höhenlagen, da es in südöstlicher Richtung auf Meeresniveau liegt und im zentralen Teil, der von der Gebirgskette des Dang Raek beherrscht wird, langsam auf 1350 m ansteigt; das Terrain besteht vorwiegend aus ziemlich jungem Lavagestein, das die älteren Schichten aus dem Paläozoikum und Mesozoikum überdeckt hat. Im Innern des Areals, wo zahlreiche Flußläufe mit vielen Strudeln und Wasserfällen strömen, ist die Vegetation ganz besonders dicht und üppig; im allgemeinen unterscheidet sie sich stark nach der Höhenlage. Bis auf etwa 400 m überwiegen immergrüne Sträucher, über denen ein Dschungel wuchert, der sich durch das Vorkommen des seltenen Bombaysandelbaums auszeichnet. Die Dschungel stellen 60% der lokalen Flora; auf Höhen über 1000 m gehen sie in lichtere Wälder aus immergrünen Laubbäumen und Nadelbäumen über; auf den einst abgeholzten Flächen dehnt sich nun Grasland aus. Berühmt ist der Park wegen seiner Fauna, in der es Tiger, bengalische Wildkatzen, weiße Gibbonaffen, Elefanten und Faulaffen gibt; außerdem Vögel wie den Nashornvogel und den roten Nepalfasan und zahlreiche giftige Reptilien.

Nationalpark Komodo Island

Die Grenzen dieses geschützten Areals umfassen drei kleine indonesische Inseln, die in der Provinz Nusa Tenggara Timur (Kleine Ost-Sunda-Inseln) liegen: Komodo, Rintja und Padar; die Fläche des so entstandenen Parks mißt 750 km². Der Zugang gestaltet sich nicht allzu einfach; von Jakarta, der indonesischen Hauptstadt, muß man zunächst nach Denpasar auf Bali fliegen (2 Stunden). Von dort verkehren - außer einigen organisierten Reisen zu verschiedenen Inseln - Schiffe, mit denen man nach einer Zwischenlandung und einer Übernachtung in dem im äußersten Nordwesten der Insel Flores gelegenen Ort Labuhanbajo den Park erreichen kann. Die ganze Reise dauert auf diese Weise etwa zwei Tage, außerdem wird die interne Verbindung zwischen den Inselchen vor allem mit den Booten der lokalen Fischer aufrechterhalten. Die Durchschnittstemperatur der Region hält sich über das ganze Jahr bei etwa 28 °C; das Klima unterliegt jedoch starken jahreszeitlichen Schwankungen: zwischen November und März bewirkt die von Australien (Südost) kommende Monsunströmung eine Regenzeit, während die Luft in den übrigen Monaten entschieden trockener ist. Die Jahresniederschläge liegen bei 1450 mm und konzentrieren sich vor allem im Winter. Zum Besuch des Parks, der über verschiedene, auf den drei Inseln verteilte touristische Einrichtungen verfügt, benötigt man eine spezielle staatliche Erlaubnis.

Diese kleinen Inseln, die 1980 zum Nationalpark erklärt wurden, sind Bruchstücke aus Vulkangestein, die sich vor langer Zeit aufgrund der gewaltigen, in dieser Meerenge entstehenden Strömungen von den nahegelegenen größeren Inseln Flores, Sumba und Sumbawa abgelöst haben. Ihr Gelände ist sehr hügelig, mit Tälern und kleinen Wasserläufen, und die Küsten gestalten sich sowohl als steile, zu den Buchten abfallende Felsklippen, wie auch als weite Sandflächen. Auf der kleinsten Insel Padar finden sich auch wunderbare, rosafarbene Korallenstrände.

Die Vegetation besteht zumeist aus Palmenarten und einigen Edelholzarten, die für ein feuchtes Klima typisch sind; außerdem gibt es einige Bereiche mit Grasland, besonders im Norden von Rintja. Die an diesen Orten verbreitete Fauna umfaßt Büffel, Wildpferde, Hirsche, Antilopen und Wildschweine; in den Wäldern im Süden von Rintja leben sehr viele wilde Truthühner, während über dem Meer zahlreiche Mauersegler fliegen. Der Park stellt unter anderem auch ein Reservat für Meerestiere dar wie Schildkröten, Delphine und die selteneren Wale. Das eigentliche Emblem des Gebiets ist jedoch ein riesiger Saurier, der Komodo-Waran, dessen Existenz erst 1912 überprüft worden ist. Zuvor war dieses anachronistische, 3 - 4 m lange und ca. 300 kg schwere Tier immer für ein Phantasieprodukt der örtlichen Fischer gehalten worden.

Nationalpark Mount Sorak

Ein Park, der sich über 355 km² in der Provinz Kangweon Do, nahe der nordöstlichen Grenze von Südkorea erstreckt. Reguläre Buslinien verbinden ihn mit Sokcho, einer nur 15 km entfernten Stadt, und er ist über die Staatsstraße 54 oder über die längere, aber schnellere Strecke über einen Autobahnabschnitt und die Staatsstraße 7 von Seoul (ca. 200 km südwestlich) leicht zu erreichen. Zwischen beiden Städten verkehren zahlreiche Busse (ca. 5 Stunden) und Flugzeuge (40 Minuten); jedes Wochenende fahren Touristenbusse direkt von der Hauptstadt zum Park.

Das Klima ist typisch kontinental, mit niedrigen Temperaturen in Winter (der Durchschnitt liegt im Januar bei 0,9 °C) und hohen Werten im Sommer (im Juli liegt die mittlere Temperatur bei 23 °C). Die Niederschläge bewegen sich um 1100 mm im Jahr. Die beste Jahreszeit für Besuche liegt zwischen April und Oktober, für Touren ins Hochgebirge zwischen August und Oktober.

Der Aufstieg zum Gipfel des Sorak (1708 m) ist zwischen März und dem 10. Juni sowie im November verboten. Im Innern des Parks befinden sich viele geschichtliche Denkmäler, etwa Tempel - der älteste aus dem 7. Jahrhundert - und die Mauern einer Burg aus dem 13. Jahrhundert, die einen großen touristischen Anreiz ausüben und ein Ziel für die koreanischen Pilger darstellen.

Die touristischen Einrichtungen sind geeignet und wirkungsvoll und umfassen zahlreiche Hotels, eine Seilbahn, viele, gu beschilderte Wege und Thermalanlagen. 1970 beschloß die Regierung des Landes, diese Gebiete unter Schutz zu stellen und dort einen Nationalpark einzurichten; das Territorium wurde später, 1982, auch zum Tierreservat.

Der Sorak, der dritthöchste Berg von Südkorea, beherrscht durch seine zentrale Lage das gesamte Panorama des Parks der im östlichen Teil die Berge des Taebaekgebirges und gegen Westen eine Aufeinanderfolge von wunderschönen Tälern miteinschließt.

Einen besonderen Ruf hat das Tal mit dem Namen "Grotte de tausend Buddhas" erworben; es ist umgeben von Seen und Wasserfällen und übersät mit unglaublich eindrucksvolle Felsen, die tatsächlich Buddhastatuen sehr ähneln. Herrliche Mischwälder aus Laubbäumen und Rottannen bedecken die Täler und den Fuß der Berge; in höheren Lagen besteht di Vegetation aus Wäldern, noch höher gibt es Bergwiese voller Blumen.

Dies ist die einzige Region in Südkorea, in der eine echt Hochgebirgsflora wächst. Die lokale Fauna zählt 26 Arte von Säugetieren, 92 Vogelarten, 11 Reptilienarten und ein große Zahl vom Amphibien- und Insektenarten. Unter de wichtigsten und speziell geschützten Tieren sind der klein Panda, der tibetanische Bär, das Moschustier, der schwar Marder und der Java-Specht zu nennen.

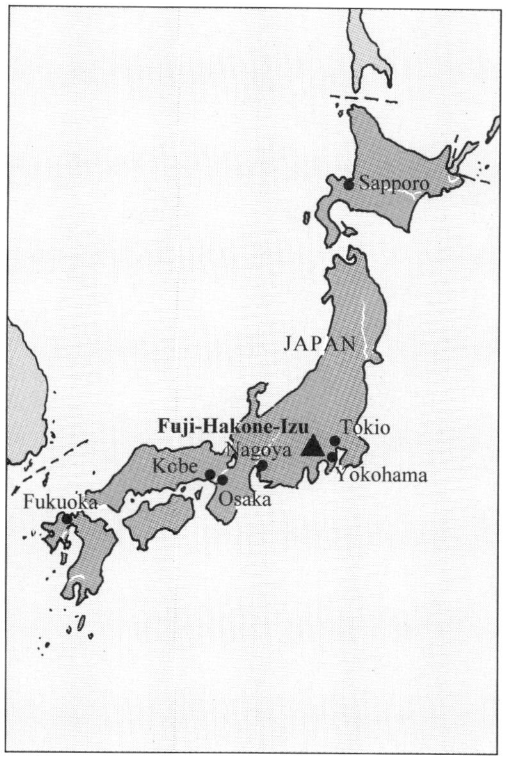

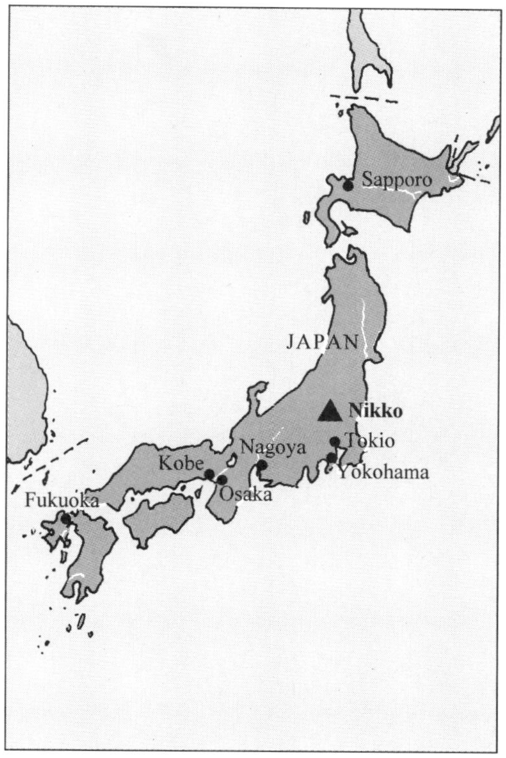

Nationalpark Mount Halla

Der Berg Halla erhebt sich im Zentrum der südkoreanischen Insel Cheju-Do, die im offenen Meer vor der Küste des Landes gelegen ist, und nimmt den größten Teil dieses Schutzgebiets von nur 19 km² ein. Der Zugang wird durch Flugzeuge und Fähren ermöglicht, die von der Küstenstadt Pusan aus die Hauptstadt der Insel, Cheju (15 km nördlich), erreichen; von dort gelangt man auch mit Linienbussen in 30 Minuten über zwei interne Straßen zum Park. Die Jahresdurchschnittstemperatur bewegt sich zwischen ca. 5 °C im Januar und 25,5 °C im Juli, und das typische ozeanische Klima ergibt jährliche Niederschläge um 1450 mm. Die optimale Saison für Besucher reicht von April bis November, in der es sich als besonders günstig erweist, Klettertouren und Wanderungen auf den eigens ausgeschilderten Pfaden zu unternehmen.
Die Einrichtungen des Parks bieten den Touristen, außer den erwähnten Panoramawegen, verschiedene Restaurants und vereinzelte Schutzhütten; eine gute Anzahl von Unterkünften findet sich jedoch in den Orten und Dörfern wenige Kilometer außerhalb der Grenzen. Die Insel Cheju-Do wurde bereits seit alten Zeiten als bedeutender heiliger Ort betrachtet und in vielen koreanischen Legenden erwähnt; die ersten sorgfältigen Forschungsexpeditionen wurden unter den Dynastien Ch'in und Han unternommen mit dem vorrangigen Ziel, das Elixier für die Unsterblichkeit zu finden. Das Gebiet um den Berg Halla wurde 1970 für die Schaffung des Nationalparks estimmt, nachdem die Insel - vor allem im unmittelbar vorausgehenden Jahrzehnt - eine massive Entwicklung im Tourismusbetrieb und im Bausektor erlebt hatte und damit auch das Aufkommen einiger Probleme bezüglich der Erhaltung von Naturschätzen.
Das Territorium des Parks erweist sich im ganzen als felsig ınd umfaßt außer dem gleichnamigen Gipfel, der mit seinen 950 m das Dach der Nation darstellt, weitere Erhebungen on mäßiger Höhe. Diese Berge vulkanischen Ursprungs sind on mehr als 350 Kratern übersät, von denen einige sich mit er Zeit in zauberhafte Seen verwandelt haben, aus denen ahlreiche Bäche entstanden sind.
er Berg Halla selbst zeigt einen sanft abfallenden Nordhang nd einen steilen, abschüssigen Südhang; südwestlich vom ipfel befindet sich ein sehr berühmtes Areal, es ist übersät nit einzigartig geformten Felsen, die "die 500 Generäle" enannt werden.
ie Berghänge sind mit über 1700 Pflanzenarten bedeckt, die ch der Höhenlage anpassen: Die für ein warmes Klima pischen Wälder gehen in größerer Höhe in die Vegetation er gemäßigten Zone über, die zum Schluß in Stein- und chneefeldern ausläuft. In diesem Lebensraum finden hlreiche Tiere Unterschlupf, darunter Rehe, verschiedene ieselarten, Fasane und Pittas.

Nationalpark Fuji-Hakone-Izu

Japans berühmtester Park bedeckt eine Fläche von 1223 km² im zentralöstlichen Teil der Insel Hondo und dehnt sich mit der Halbinsel Izu und den sieben Izu-Inseln in den Pazifik aus. Aufgrund der kurzen Entfernung zu Tokio (ca. 100 km) sind die Zugänge und die Orte im Park über Straßen und Bahnverbindunegen (ca. 2 Stunden) sowie mit zahlreichen Touristenbussen leicht erreichbar. In die Region kommen jährlich mehr als 80 Millionen Besucher; darunter sind viele Urlauber, die sich von den bekannten Luftkurorten angezogen fühlen sowie Pilger, die den heiligen Berg Fudschijama aufsuchen; der Park verfügt daher über ausgezeichnete touristische Einrichtungen. Der Zugang zum Fudschijama ist der Öffentlichkeit offiziell nur im Juli und August gestattet. Durch das Jahr mißt man eine mittlere Temperatur von ca. 15 °C und eine Niederschlagsmenge von 1800 mm. Der Nationalpark wurde 1936 gegründet; die sieben Inseln kamen 1964 hinzu. Dieses vulkanische Gebiet gliedert sich deutlich in drei Bereiche, wie sein Name bereits sagt. Im Norden erhebt sich der höchste japanische Berg, der Fudschijama (3776 m), eine überaus bedeutsame Kultstätte des heutigen Shintoismus mit dem auf dem Gipfel gelegenen Tempel Sergen. An den Hängen des vielleicht vollkommensten Vulkankegels der Erde schlängeln sich Pfade durch eine herrliche Natur, die sich aus Kirschbaumwäldern, wilden Azaleen und - in höheren Lagen - aus Mischwäldern zusammensetzt. Besonders hinzuweisen ist auf den 19 km langen Ochudo-Weg, der auf einer Höhe von ca. 2500 m entlang des Kraters Hoei und quer durch die große, in der Westwand gelegene Osawa-Schlucht rund um den Fudschijama führt. Dieser Pfad scheint den verschneiten und in Wolken gehüllten Gipfel klar von den darunterliegenden grünen Hängen zu trennen und wird daher auch "Grenze zwischen Himmel und Erde" genannt. Im Norden des Fudschijama liegen im Halbkreis fünf bezaubernde Seen und der Wasserfall Shiraito, aus denen die unterirdischen Quellen des Vulkans sprudeln. Das Gebiet des Berges Hakone erstreckt sich im Südosten des Fudschijama und zeigt eine Landschaft mit sanften Hügeln, die einst Vulkankegel waren, mit grünen Tälern voller Schwefelquellen, mit Flüssen, Wasserfällen und dem Ashi-See, an dessen Ufern hundertjährige Zedernwälder wachsen. Bis 1869 war dies der Sitz einer bedeutenden Zollschranke aus der Edo Periode.
Der Südteil schließlich umfaßt einen weiten Küstenabschnitt der Halbinsel Izu, auf der sich viele Thermalquellen und vulkanische Seen finden. Entlang der weißen Sandflächen und an ihren Rändern wachsen Kakteen, Pflaumen und Krüppelkiefern. Innerhalb der Parkgrenzen lebt eine recht verschiedenartige Fauna; zu den interessantesten Arten gehören der japanische Sikahirsch, der japanische Makak und die kleine japanische Trottellumme.

Nationalpark Nikko

Im Zentrum der großen japanischen Insel Hondo erstreckt sich der Gebirgspark Nikko, der 150 km von Tokio entfernt liegt. Das Schutzgebiet ist mit einem ausgezeichneten Netz von sowohl internen wie nach außerhalb führenden Verkehrsverbindungen ausgestattet; besonders der Haupteingang, die Stadt Nikko, ist von der Hauptstadt über die Autobahn oder per Bahn (2 Stunden) sehr gut erreichbar. Das lokale Klima verzeichnet eine jährliche Durchschnittstemperatur von ca. 15 °C und Niederschlagsmengen von etwa 1500 mm. Der Park wird vor allem wegen seines Reichtums an historischen und künstlerischen Denkmälern gerühmt, die sich vor allem in Nikko oder in der unmittelbaren Umgebung finden, wo sie einen beeindruckenden Komplex von Tempelanlagen bilden. Die Besucherzahl ist daher stets sehr hoch, und die touristische Infrastruktur erweist sich als überaus angemessen. Die Gruppe der Vulkanberge von Nikko wurde zum ersten Mal von dem Buddhistenmönch Shodo erforscht, der im Jahre 767 den höchsten Gipfel von 2578 m bestieg; der Mönch weihte dieses Gebiet und taufte den Berg auf den Namen Futaara, was eine Übertragung des Sanskritausdrucks Potalaka ist und "reines Land" bedeutet. Der heutige Name des Gipfels ist Nantai. In den darauffolgenden Jahrhunderten wurde das Gebiet für Buddhisten und Shintoisten zu einem heiligen Ort, und zu Beginn des 17. Jahrhunderts wurde es von dem mächtigen Shogun Tokugawa auserwählt, um dort Heiligtümer und Mausoleen zum Ruhm der eigenen Dynastie zu erbauen. Zwischen 1634 und 1636 wurde in der Tat das Hauptmausoleum, der Toshogu, vollendet, in dem die sterbliche Hülle des mit dem Titel einer Inkarnation Buddhas vergöttlichten Shoguns Leyasu bestattet ist. Als weitere Beispiele der im Park zahlreich vorhandenen Baukunstwerke sind besonders zu erwähnen: die heilige Brücke Shinkyo, die den Fluß Daiya überquert und unmittelbar im Norden von Nikko in den Weg übergeht, der zu den bedeutendsten Tempeln führt; der Rinnoji Tempel, der der Sekte der Tenkai-Buddhisten gehört; das Heiligtum Futaarasan, das drei gesonderte Teile an ebenso vielen Stellen des Territoriums umfaßt. Die natürliche Landschaft bildet einen herrlichen Rahmen für das großartige menschliche Werk, das sich in vollkommener Weise einfügt und eine Gesamtheit von einzigartiger Schönheit ergibt.
Die Berge sind von hundertjährigen Wäldern aus japanischen Zedern, Zypressen, Ahorn- und Ginkgobäumen und von ausgedehnten Feldern wilder Azaleen bedeckt. Entlang der See- und Flußufer stehen vielfach bezaubernde Kirschbaumhaine. Zu den reizvollsten Orten gehört der Chuzenji-See, in dessen tiefblauen Wassern sich der Berg Nantai spiegelt; die eindrucksvollen Kegon Wasserfälle und, im Nordosten des Nantai, die malerischen Unryu Wasserfälle, die der Fluß Inari bildet.

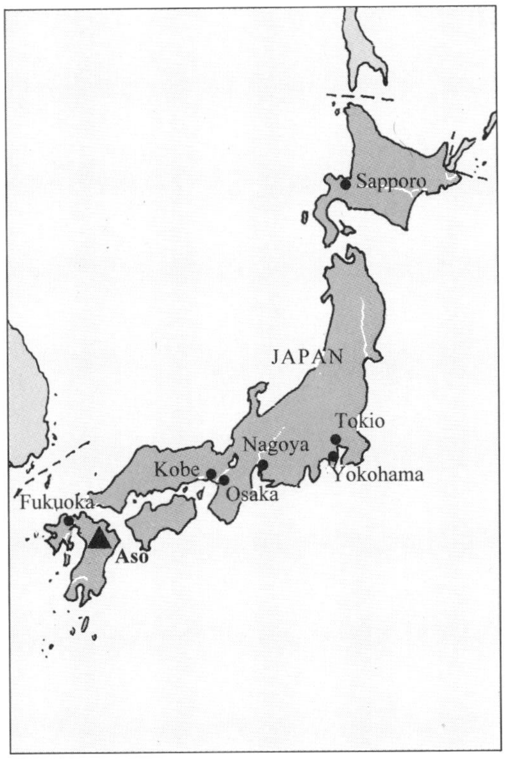

Nationalpark Aso

Der Park liegt im zentralnördlichen Teil von Kyushu, der südlichsten der vier großen japanischen Inseln. Das Straßen- und Eisenbahnnetz erlaubt nicht nur den Zugang von verschiedenen Punkten der Insel zum Schutzgebiet, sondern auch eine bequeme Fortbewegung im Inneren. Beispielsweise durchquert der Trans-Kyushu Highway den gesamten Park von Norden nach Südwesten. Die Busverbindungen über die Strecke Beppu-Aso-Kumamoto (ca. 4 Stunden Fahrtzeit) sind jedoch etwas unbequem und bieten nur wenig Raum für Gepäck.

Die beiden bedeutenden Städte Kumamoto, knapp 30 km westlich des Parks gelegen, und Fukuoka, ca. 70 km nordwestlich, sind von Tokio auf dem Luftweg in 1 Stunde und 40 Minuten zu erreichen.

Der Park ist mit guten touristischen Einrichtungen versehen und hat ein interessantes Vulkanmuseum; auf seinem Gebiet liegen außerdem mehrere bekannte Luftkurorte und verschiedene Bauerndörfer mit einer ziemlich hohen Einwohnerzahl. In der Region werden im Jahr Niederschlagsmengen von 1870 mm und Durchschnittstemperaturen von 18 °C gemessen.

Der größte, wenn auch nicht der höchste Vulkan der Erde, der Aso, nimmt den zentralen Teil des geschützten Areals ein und dominiert mit seiner gewaltigen Masse das umliegende Land und das gesamte Panorama der Insel Kyushu.

Das Becken des Hauptkraters stellt sich zur Zeit als eine riesige Mulde mit einem Umfang von 128 km dar, die in ostwestlicher Richtung 16 km und in nordsüdlicher Richtung 32 km mißt. In dieser weiten Senke liegen fünf kleinere Vulkankegel und zwei breite, leuchtend grüne Täler; von den fünf internen Vulkanen ist nur einer, der Nakadake (1323 m) oder "mittlere Spitze" zur Zeit tätig und steht unter ständiger Kontrolle einer spezialisierten Gruppe von Wissenschaftlern.

Die Berghänge des Nakadake bestehen aus trockener, roter und mit gelben Schwefelsteinen gesprenkelter Erde und bilden so einen scharfen Kontrast zu dem umliegenden fruchtbaren Gelände mit seinen Bambusdickichten, Reisfeldern, Weiden, Melonenfeldern, den weiten, mit Weizen bebauten Flächen und den üppigen Orangenhainen. Innerhalb der Begrenzung des Parks sprudeln außerdem viele Thermalquellen, und im Norden des Aso erheben sich zwei weitere große Vulkane, die beide nicht tätig sind.

Der näher gelegene ist der Kuju, der mit seinen 1788 m das Dach der Insel darstellt; sein Gipfel ist von einer herrlichen Alpenflora bedeckt, die in tieferen Lagen in dichte Wälder, Gebüsche von zinnoberroten wilden Azaleen und Obstgehölze übergeht.

Der andere Vulkan, der Berg Yufu (1584 m), erhebt sich nahe der Nordgrenze des Parks über einem sanft gewellten Gelände, einer für Japan ganz seltenen Landschaftsform.

Naturschutzreservat Wolong

Dieses im südlichen Zentralchina in der Provinz Sichuan oder "Land der Wolken" gelegene Reservat bedeckt eine Fläche von 2000 km^2, bei einem Durchmesser von nur 60 km und einer vertikalen Entwicklung von ca. 5000 m. Eine 100 km lange Straße verbindet den Tunnel von Mujiangpin, den Eingang des Wolong, mit Chengdu, der Provinzhauptstadt, die von Peking per Bahn (50 Stunden) oder per Flugzeug (3 Stunden) erreichbar ist. Das Klima zeichnet sich durch lange, schneereiche Winter und milde und - bedingt durch den Monsunregen - feuchte Sommer aus; die Temperaturen variieren zwischen einem Mittel von ca. 6 °C im Januar und einem Mittel von 25,5 °C im Juli; die Jahresniederschlagsmengen erreichen 950 mm. Der Zugang zu diesem Gebiet ist nur Wissenschaftlern und Forschern oder Personen mit spezieller Erlaubnis gestattet. Im Innern befinden sich ein Forschungszentrum, ein Zentrum für die Vermehrung der Riesenpandas, der berühmtesten Bewohner des Areals, und das Organisationshauptquartier. Darüber hinaus leben hier 3000 Qiang, Abkömmlinge einer alten tibetanischen Bevölkerung, die sich seit Jahrhunderten in diesem Gebiet angesiedelt hat. Das Reservat wurde 1963 gegründet und ist das weitläufigste unter den 12 Schutzgebieten, die die chinesische Regierung mit dem vorrangigen Ziel der Erhaltung des schwarzweißen Bären geschaffen hat. Die gebirgige Region, die sich - ausgehend von einer Höhe von 1200 m - bis zu den 7590 m des Gongga Shan erhebt, wird von dem schlammigen Fluß Pitiao und seinen kleineren Nebenflüssen durchzogen und ist reich an Wasserfällen und kleinen eiszeitlichen Seen. Die typische Vegetation des Reservats besteht vorwiegend aus immergrünen und laubabwerfenden Laubbäumen: Buchen und Ahorne bis 2000 m, Tannen, Lärchen und Birken darüber und - zwischen 2600 und 3600 m - nur noch Tannen. Über diese Höhe hinaus erstrecken sich weite Alpenwiesen, auf denen in den Frühlingsmonaten Iris, Orchideen und Primeln blühen und die eine sehr gute Weide für die dort lebenden pflanzenfressenden Tiere darstellen. An den Berghängen wachsen außerdem viele Bambusarten bis in Höhen von etwa 3500 m. Auf mäßiger Höhe findet sich eine seltene endemische Art, der sogenannte "Taubenbaum" (*Davidia involucrata*) mit herrlichen, asymmetrisch geformten weißen Blütenkronen. Die reichhaltige Fauna der Region ist auf die verschiedenen Lebensräume verteilt und umfaßt 96 Säugetier-, 230 Vogel-, 20 Reptilien-, 14 Amphibienarten und 6 Arten von Fischen.

Außer dem Riesenpanda gibt es zahlreiche, sehr seltene Arten, darunter den Takin, den Goldnasenaffen, den Schneeleoparden, den Weißlippenhirsch, den kleinen Panda und das Moschustier, eine kleine Hirschart ohne Hörner und mit langen vorstehenden Eckzähnen; außerdem Vögel wie den Hornfasan.

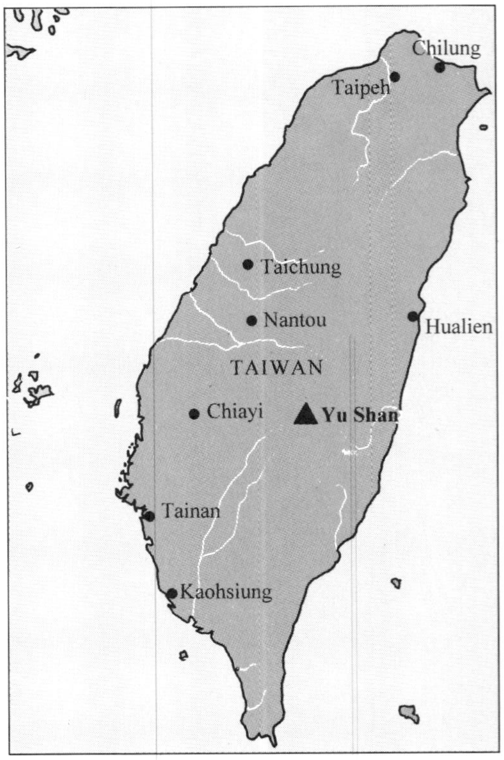

Nationalpark Yu Shan

Im Zentrum der Insel Taiwan erstreckt sich auf einer Fläche von 1055 km^2 das gebirgige Territorium des Yu Shan Parks, der auf die vier Provinzen Hualien, Nantou, Kaohsiung (Takao) und Chiayi aufgeteilt ist. Der Hauptzugang ist Ari Shan, ein vom eigentlichen Eingang 15 km entfernt liegender Ort, die Endstation für Busse und Züge aus der Hauptstadt Taipeh, aus Taichung (100 km nordwestlich) und aus Chiayi (100 km westlich, erreichbar in 3 Stunden). Die touristische Entwicklung der Gegend ist noch bescheiden, und die internen Einrichtungen bestehen lediglich aus wenigen Schutzhütten und einigen guten Pfaden für Bergsteiger, die jedoch für Klettertouren eine besondere Erlaubnis benötigen. Hinsichtlich des Hotelsektors dienen dem Park zur Zeit einige Einrichtungen im nahen Ari Shan. Innerhalb der Begrenzung verläuft auch eine befahrbare aber ziemlich beschwerliche Straße, die im Zickzack zwischen steilen Wänden und Abgründen bis auf 2900 m emporklettert. Der Park, der zu 70% auf über 2000 m Höhe liegt, zeichnet sich trotz seiner Lage auf subtropischer Breite durch ein kühles Klima und starke winterliche Schneefälle aus. Die Durchschnittstemperatur variiert zwischen einem Maximum von 18 °C und einem Minimum von 2 °C; die jährlichen Niederschläge belaufen sich auf ca. 3500 mm, davon 3000 mm als Schnee. Die Schaffung des Yu Shan liegt erst kurze Zeit zurück; er ist 1983 gegründet worden.

Die Landschaft des Gebiets wird durch das mächtige Zentralmassiv bestimmt, das von hohen Bergen gebildet wird; 30 von ihnen sind über 3000 m hoch und gipfeln im höchsten Berg von Taiwan, dem Yu Shan mit 3997 m. Die gerühmte Schönheit dieses steilen Gipfels, stand Pate für den Namen des Parks, der "Perlenberg" bedeutet.

Die Szenerie des Parks wird noch vervollständigt durch tiefe Täler, verstreute Hügel, Wildbäche, die in wundervoller Wasserfällen von steilen Abhängen herabstürzen. Die Unwegsamkeit der Region hat jahrhundertelang dieses Ökosystem vor jeder Veränderung bewahrt, die menschlichem Eingreife zuzuschreiben ist, selbst heute sind 87% des Waldgebiet noch unberührt.

Die Vegetation differenziert sich je nach Höhenlage un besteht in der Reihenfolge von unten nach oben aus Eiche und Kampferbäumen, aus Mischwäldern mit laubabwerfer den Bäumen und Zypressen, aus großen Wäldern von ve schiedenen Nadelholzarten und aus dichten Tannenwälder Ganz oben erstrecken sich Hochgebirgswiesen. In den Berge des Yu Shan, im Schutz der Wälder oder auf den hoc gelegenen Wiesen, lebt eine sehr unterschiedliche Fauna; finden sich hier 28 Säugetier-, 107 Vogel-, 17 Reptilien- ur 12 Amphibienarten.

Zu den wertvollsten Tieren der Region gehören das Taiwa Reh, das Schuppentier und der Kaiserfasan.

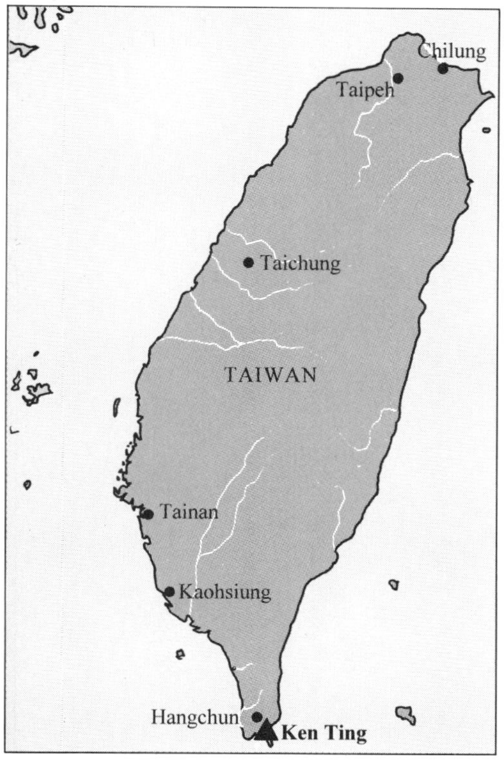

Nationalpark Ken Ting

Der Park liegt auf der im äußersten Süden von Taiwan gelegenen Halbinsel mit ihrer charakteristischen Gabelform. Sein Territorium mit einer Fläche von 326 km² verläuft auf einer Länge von ca. 150 km entlang der Küstenlinie. Das Gebiet ist nur 10 km von Hangchun und 125 km von Kaohsiung (Takao) entfernt (die zweitgrößte Stadt der Insel); die beiden nordwestlich gelegenen Städte sind durch regelmäßigen Busverkehr und ein gutes Straßennetz mit dem Park verbunden. Von der Hauptstadt Taipeh gibt es Flüge und Busse zum Park; man kann auch eine Bahnverbindung nutzen, die Kaohsiung (Takao) in etwas mehr als 4 Stunden erreicht. Der Park stellt eines der bekanntesten Feriengebiete im Süden von Taiwan dar und ist für große Besucherzahlen bestens ausgerüstet, da er über Hotels, Campingplätze, einen interessanten botanischen Garten und Reitbahnen verfügt. Seine herrlichen Korallenstrände sind das Ziel vieler Tauchsportler. Das typische Tropenklima zeichnet sich durch eine von November bis Mai dauernde trockene Jahreszeit, die Monsunperiode, aus und durch eine von Juni bis Oktober dauernde Regenzeit, in der es häufig zu heftigen Taifunen kommt. Die Niederschläge in dieser Zeit stellen 82% der jährlichen 2030 mm dar. Die mittlere, meist recht hohe Januartemperatur liegt bei 20,5 °C, die des Juli bei ca. 28 °C.
Das Territorium der kleinen Halbinsel, die unter der chinesischen Herrschaft urbar gemacht und besiedelt worden ist, bewahrt immer noch einige Funde von historischem Interesse wie die Mauern und die vier Tore des Kaiserpalastes aus dem vorigen Jahrhundert. Von jener Epoche an ging die Entwicklung im Bau- und im Touristensektor stetig weiter, bis die Regierung 1982 beschloß, einige Beschränkungen zugunsten der Natur zu verfügen, und dort einen Nationalpark gründete. Die Ausdehnung des Parks ist an drei Seiten durch natürliche Grenzen bestimmt, im Osten vom Pazifischen Ozean, im Süden durch den Kanal von Bashi und im Westen durch die Meerenge von Taiwan. Seine geographische Beschaffenheit umfaßt Korallenküsten, die mit einzigartig geformten Felsen übersät sind, Seen, Ebenen, Hügel und Höhlen voller Stalaktiten. Die größte Höhe dieses abwechslungsreichen Territoriums überschreitet nirgendwo 520 m. Im Park gibt es 1238 Pflanzenarten, die für die tropischen und subtropischen Zonen charakteristisch sind: Sumpfpflanzen, Pflanzen, die auf alkalischen und salzigen Böden gedeihen, Wiesen und dichte Laubwälder, die vorwiegend im inneren Teil konzentriert sind.
Die lokale Fauna zählt vor allem viele Vogelarten, die durch 5 nestbauende und 40 Arten von Zugvögeln vertreten sind; die Säugetiere sind hingegen weniger zahlreich, es gibt nur 15 Arten. Von Reptilien sind Schlangen und Schildkröten zu erwähnen; die zahlreichste Familie sind die Schmetterlinge mit 162 Arten.

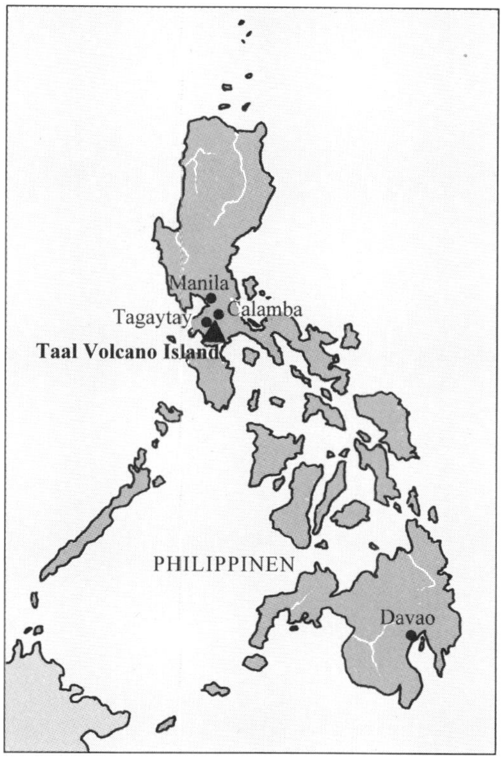

Nationalpark Taal Volcano Island

Das vom Vulkan Taal und dem ihn umgebenden gleichnamigen See gebildete Schutzgebiet erstreckt sich auf einer Fläche von nur 45 km² im Westteil der Philippineninsel Luzón. Von der 64 km nördlich gelegenen Hauptstadt Manila gelangt man - mit den zahlreichen Linien- oder Touristenbussen - direkt an das Nordufer des Sees oder in die nahe, 10 km nördlich der Begrenzung gelegene Stadt Tagaytay. Ein regulärer Bootsverkehr erlaubt anschließend, das Innere des Parks zu erreichen. Der für sein beeindruckendes Panorama berühmte Park zieht jedes Jahr zahlreiche Besucher an, die, auch wenn sie in seinem Innern keinerlei touristische Einrichtungen vorfinden, doch die ausgezeichneten Strukturen von Tagaytay nutzen können. Dieser Ort bietet überdies eine weitere herrliche Aussicht: auf die Balayan Bay im Südwesten, die Manila Bay im Norden und die Lagune Bay im Osten. Das tropische Monsunklima bewirkt eine mittlere Jahrestemperatur von 28 °C, die trotz des Wechsels zwischen einer von Dezember bis Mai dauernden Trockenperiode und einer Regenzeit von Juni bis November stabil bleibt. Ein beträchtlicher Teil der jährlichen Niederschlagsmenge von 1885 mm konzentriert sich auf die Regenzeit. Die Begrenzung des 1967 gegründeten Parks umschließt ein Territorium mit einer besonders interessanten Morphologie.
Der heutige Vulkan Taal (311 m), der ein Inselchen aus Basaltgestein inmitten des Taal-Sees bildet, ist nur die Spitze eines alten Kegels von weitaus mächtigerer Masse. Die starke Vulkantätigkeit, die sich durch die Jahrhunderte fortgesetzt hat und auch heute nicht zur Ruhe gekommen ist, hat ein kontinuierliches Absinken des größten Teils des ursprünglichen Massivs bewirkt und dabei eine immer breitere Senke um seine Basis geschaffen, aus der später durch die starken Regenfälle ein See geworden ist. Als die Spanier gegen Ende des 16. Jahrhunderts auf die Insel Taal kamen, fanden sie ein tiefgrünes, fruchtbares Terrain vor, das sie landwirtschaftlich zu nutzen beschlossen; zwischen 1700 und 1800 wurde dieses kleine Areal dank seines durch den Anbau von Kaffee erworbenen Reichtums sogar zur Hauptstadt der Region Batangas. Seit damals ist der Vulkan Taal etwa 30mal mit unterschiedlicher Gewalt ausgebrochen, aber der heftigste Ausbruch, an den man sich erinnert, geschah 1965, und obwohl er von einigen Vulkanologen vorhergesehen worden war, verursachte er 300 Todesopfer. Bei dem Ausbruch wurde eine Säule aus Lavamaterial auf 20.000 m emporgeschleudert; mehr als zwei Tage lang quoll das Magma weiter hervor, bedeckte beim Hinunterfließen die ausgedehnten Kokospalmenwälder, die an den Berghängen wuchsen, und erzeugte beim Auftreffen auf das Wasser eine riesige glühendheiße Dampfwolke. Die Landschaft des Parks, die von dem rauchenden Krater beherrscht wird, zeigt noch die Spuren dieser letzten Erschütterungen.

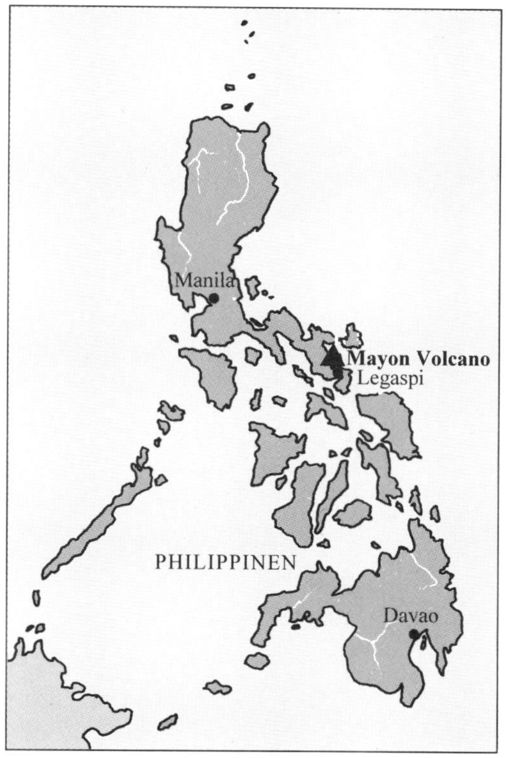

Nationalpark Mayon Volcano

Der Park liegt im südöstlichen Teil der Philippineninsel Luzón, seine Fläche von 55 km² erstreckt sich über die Hänge des Vulkans Mayon und das unmittelbar umliegende Gebiet. Den Hauptzugang stellt die südlich vom Vulkan gelegene Stadt Legaspi dar, die von Manila per Flugzeug (50 Minuten), mit Bussen (10 Stunden) und per Bahn (19 Stunden) gut zu erreichen ist. In derselben Stadt befinden sich alle touristischen Einrichtungen für die Besucher des Parks, zahlreiche Unterkünfte, ein Museum, das die Geschichte des Mayon dokumentiert, und ein Touristenbüro, wo man örtliche Führer finden kann. Im Innern des Parks steht auf 800 m Höhe ein Zentrum für die Beobachtung des Vulkanbergs aus nächster Nähe. Die beste Jahreszeit, dieses Gebiet zu bewundern, liegt zwischen Februar und Oktober, wenn das Klima einigermaßen trocken ist; von November bis Januar gehen heftige Regenfälle über der Region nieder und unterbrechen häufig jede Straßenverbindung mit dem Rest der Insel.
Die Regenfälle stellen, wenn auch in geringerer Intensität, doch eine ständige klimatische Erscheinung dar und führen zu einer jährlichen Niederschlagsmenge von 4000 mm; auch die Temperatur bleibt nahezu konstant bei ca. 28 °C. Der Nationalpark des Mayon wurde 1938 mit einem zweifachen Ziel gegründet, zum einen sollte das lokale Ökosystem geschützt werden, zum anderen sollte gleichzeitig die Bevölkerung davor bewahrt werden, sich unvorsichtigerweise am Fuß des Berges anzusiedeln.
Tatsächlich ist es in jüngerer Zeit am Kegel des Mayon zu etlichen heftigen Ausbrüchen gekommen, die Tausende von Opfern verursacht haben:
Der bekannteste geschah im Jahre 1814, als etwa 1200 Menschen umkamen, wovon noch immer die Ruinen einer kleinen Kirche Zeugnis ablegen, die in der Nähe des heutigen Beobachtungszentrums für die Touristen stehen.
Die beträchtliche Gefahr, die jede vulkanische Tätigkeit darstellt, wird noch verstärkt durch die schweren regionalen Regenfälle, die beim Kontakt mit dem brodelnden Magma zu heißen Dampfwolken verdunsten, mit denen Massen von Asche und glühenden Steinchen verfrachtet werden.
Diese einzigartigen Naturbedingungen haben zur Entwicklung einer besonders üppigen Vegetation geführt, die vorwiegend aus hochstämmigen, erst in über 45 m Höhe sich verzweigenden Pflanzen besteht.
Zu den verbreitetsten Baumarten gehören Maulbeergewächse und bengalische Linden, die wunderbare grüne Grotten bilden, da sie direkt aus den gekrümmten Zweigen Wurzeln aussenden, die sich zur Erde wenden.
Im Park leben etliche Vogelarten, wie Nashornvögel, Kolibris, Papageien und Nachtigallen; überaus zahlreich sind Spinnen, Skorpione und ganz generell Insekten, während die Säugetierfauna sehr dürftig und wenig interessant ist.

Nationalparks in Ozeanien

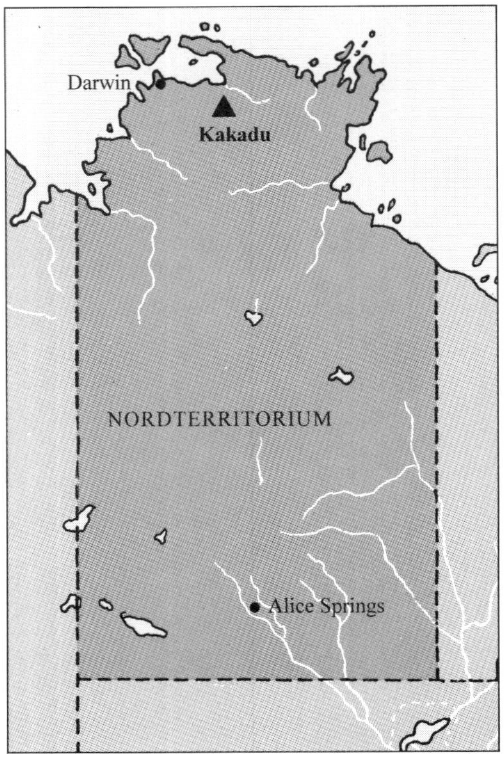

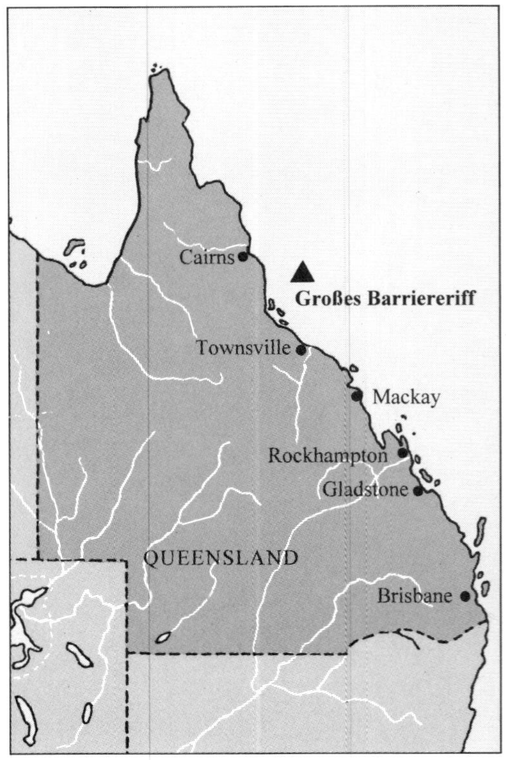

Nationalpark Kakadu

Der Park liegt im Nordterritorium auf einer Fläche von 6145 km^2, die im Norden vom Arafura Meer und im Süden von der westlichen Hochebene der Halbinsel Arnhem Land begrenzt wird. Von der großen internationalen Hafenstadt Darwin, der Hauptstadt des Staates, gelangt man über 220 km auf dem Arnhem Highway in das Schutzgebiet; es gibt einen ausgezeichneten Service mit den Greyhoundbussen. Von Darwin gibt es außerdem 45minütige Direktflüge der Air North Company zum Park. Der Kakadu ist ganzjährig für Besucher geöffnet und verfügt über Unterkünfte, Campingplätze und einen Landungssteg am westlichen Eingang, von wo aus interessante Ausflüge organisiert werden, die die Strömungen des South Alligator, eines der regionalen Flüsse, hinauffahren. Das typische Tropenklima zeichnet sich durch einen klaren Wechsel von Trockenzeiten und Regenzeiten aus; die für den Tourismus günstigste Jahreszeit ist der Winter, wenn die Luftfeuchtigkeit minimal ist und die Temperatur im Durchschnitt bei 25 °C liegt. Im Januar, im Hochsommer, beträgt der Durchschnitt hingegen 28,2 °C, bei Maximalwerten über 35 °C. Die Niederschläge zeigen beachtliche Sprünge in den verschiedenen Monaten: von 338 mm im Januar bis zu 2 mm im Juni; in der Regenzeit schwankt der Durchschnitt um 1300 mm.

Dieses Gebiet wurde von Jägern bewohnt, die aus Java gekommen waren (vielleicht vor 30.000 Jahren) und deren vor allem im nordwestlichen Teil des Parks gefundene Felszeichnungen noch zu bewundern sind.

Die lokale Umwelt hat sich verhältnismäßig intakt erhalten, auch nach der Besiedlung durch die Weißen. Erst 1964 erwies sich die Notwendigkeit, dieses Territorium zu schützen; auf dieses Datum geht in der Tat die Schaffung eines 505 km^2 großen Reservats für die Aborigines zurück; der Nationalpark wurde später, 1979, gegründet.

Die Region des Kakadu kann in fünf verschiedene Habitatbereiche unterteilt werden, beginnend mit dem Küstenstreifen. An der Meeresbucht findet sich ein ausgedehnter Sumpf, der von der Mündung des East Alligator gebildet wird, daran anschließend ein halbsumpfiges Terrain, das bei Hochwasser in der Regenzeit überschwemmt wird.

Weiter im Innern folgen niedrige Hügel, unterbrochen von vereinzelten felsigen Erhebungen, steile Sandsteinmassive mit senkrechten Wänden und schließlich die dürre Hochebene von Arnhem Land.

Die Vegetation wechselt demgemäß von Mangroven und Sumpfpflanzen wie Lilien und Sumpfbinsen, zu Eukalyptuswäldern, zur Savanne und zu den spärlichen Sträuchern des Trockenklimas.

Auch die Fauna ist auf die verschiedenen Lebensräume unterschiedlich verteilt. Als typischste Vertreter sind zu erwähnen: Wasservögel, Alligatoren, Dingos und Wallabys.

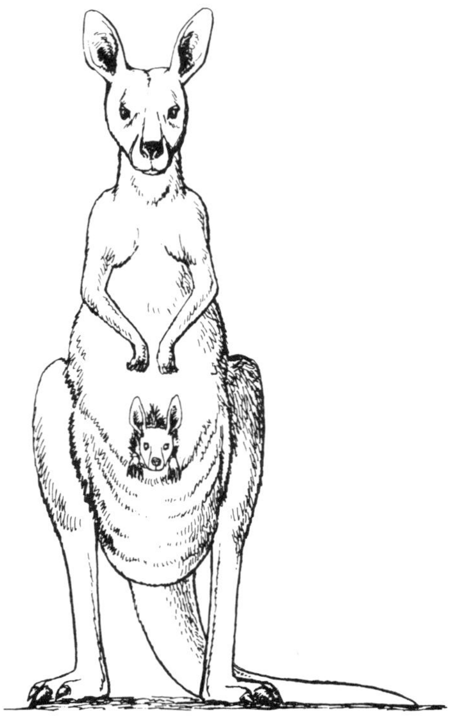

Meerespark Großes Barriereriff

Dieser einzigartige Park nimmt einen erheblichen Teil des größten Korallenriffs der Erde (200 km Gesamtlänge) ein; er liegt im offenen Meer vor der Ostküste von Queensland. Seine Fläche von 11.800 km^2 schützt nicht nur Inseln und Atolle, sondern auch den Meeresgrund und die umliegenden Gewässer; er schließt sogar einen anderen Nationalpark mit ein, den von Green Island, einer Insel, die aus einer riesigen Ansammlung von Korallen besteht und nur 3 m hoch aus dem Wasser ragt. Die Küstenstädte Gladstone, Rockhampton, Mackay, Townsville und Cairns, die alle von Brisbane über die Nationalstraße Nr. 1 gut zu erreichen sind, bieten ausgezeichnete Zugangsmöglichkeiten. Jede dieser genannten Städte verfügt über einen Flughafen, wo reguläre interne Flüge landen, und wird von zahlreichen Bussen und der Eisenbahnlinie Sunderland Express angefahren, die die gesamte Strecke Brisbane-Cairns abdecken.

Das subtropische Klima, das sich durch eine konstant milde Temperatur auszeichnet, gestattet den Besuch des Parks zu jeder Jahreszeit; es ist jedoch auf die mögliche Bildung von Wirbelstürmen zwischen Dezember und April hinzuweisen. Die Städte an der Küste wie auch viele zu diesem Gebiet gehörende Inseln sind für die Aufnahme von Touristen bestens gerüstet und bieten unterschiedliche Unterkunftsmöglichkeiten an.

Die erste Kunde von diesen wunderschönen kleinen Inseln des Großen Barrierriffs geben die Seefahrtsberichte des Kapitän Cook, aber eine starke touristische Entwicklung erfuhr das Gebiet erst in den ersten Jahren dieses Jahrhunderts, und dies brachte auf lange Sicht eine starke Gefährdung für die Erhaltung des ursprünglichen ökologischen Gleichgewichts mit sich. 1975 beschloß daher die australische Regierung die Gründung des Meeresparks, der acht Jahre später auf die heutigen Ausmaße erweitert wurde.

Die Begrenzung des Parks umfaßt eine weite Wasserfläche übersät von Korallenbänken verschiedenster Größen, Former und unglaublicher Farbenvielfalt: grün, violett, orange. Di Inseln haben häufig Strände mit feinstem weißen Sand un zeigen eine üppige Regenwaldvegetation mit mehr als 5 Palmenarten und - entlang der Küste - dichten Mangrovenwäldern.

Das Meer in diesem Gebiet wimmelt von Lebewesen: 40 Korallenarten (winzige Polypen, die in Kolonien leben) finde in dieser stark salzhaltigen Umgebung einen idealen Lebensraum; ebenso auch die etwa 1500 Arten von Fischen und di zahlreichen Mollusken, Krebstiere, Quallen und schließlic die einfachsten Wasserorganismen. Auch die Seevögel sin auf diesen Inseln überaus zahlreich, etwa Tölpel und Sturmtaucher; aber vor allem ist daran zu erinnern, daß diese Atol von grundlegender Wichtigkeit für die Vermehrung d grünen Schildkröte sind.

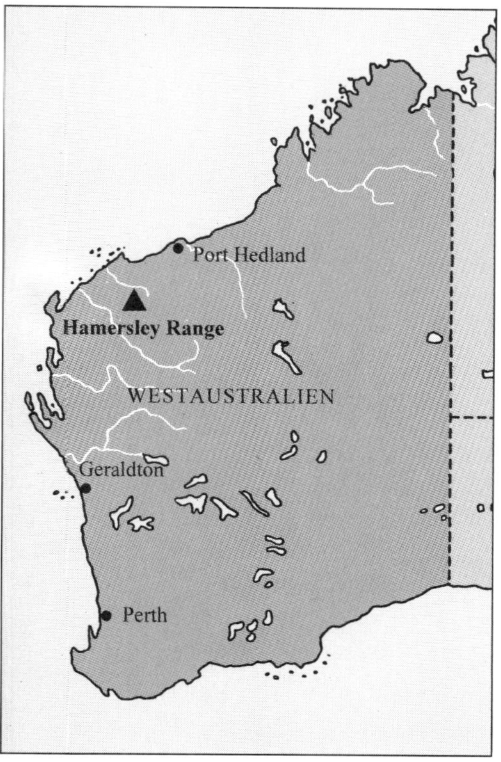

Nationalpark Hamersley Range

Der Park der Hamersley Berge bedeckt eine Fläche von 6176 km² im Nordwesten Westaustraliens. Um vom 1300 km südlich gelegenen Perth dorthin zu gelangen, sind zwei verschiedene Strecken möglich: über den North-West Coast Highway bis Port Hedland (ca. 250 km nördlich des Parks) und weiter über eine nicht asphaltierte Straße oder über den direkten Great Northern Highway, was jedoch 230 km über unbefestigte Wege bedeutet.
Verkehrsverbindungen per Flugzeug oder per Bus gibt es nur zwischen Perth und Port Hedland; sie erfordern 2 bzw. 24 Stunden Reisezeit.
Die ideale Zeit für Besuche liegt zwischen April und Oktober; n diesen Monaten ist das Klima besonders mild und heiter mit kühlen Nächten.
m übrigen Jahr steigt die Temperatur bis zu Maximalwerten m Tag von ca. 40 °C.
m Sommer fällt überdies der höchste Prozentsatz an Regen, essen jährliche Durchschnittsmenge ca. 250/300 mm beträgt.
ls Unterkunftsmöglichkeiten gibt es im Park nur ampingplätze, es gibt jedoch Geschäfte und Motels in der Nähe des Nordeingangs.
ie Erforschung dieses Gebiets lag nur kurze Zeit vor dem emerkenswerten Zustrom von Schafzüchtern und der Entckung reicher Erzvorkommen in den westlichen Bergen. eit dieser Zeit erlebte der Bergbau einen großen Aufhwung, da bei der Suche ausgehend vom westlich elegenen Berg Tom Price zum Berg Newman weitere wichge Bodenschätze ans Licht kamen wie Nickel, Kupfer und rdöl, die zum Staatshaushalt beitrugen.
ies begünstigte auch die Kenntnis und die touristische ufwertung des Gebiets, das 1969 zum Nationalpark erklärt urde, um die Naturschätze zu bewahren.
as ausgesprochen bergige Terrain des Parks durchziehen ndrucksvolle schluchtartige Täler, auf deren Grund eisige asserläufe fließen.
as leuchtend grüne Wasser bildet einen herrlichen Kontrast den abschüssigen Felswänden, die in steilen Stufen fallen. Besonders interessant ist das Dales Valley mit den rtescue Wasserfällen und der üppigen Vegetation.
tztere unterscheidet sich nach der Beschaffenheit des Terns.
f der trockenen und felsigen Hochebene dominiert die ische Steppenflora mit Einsprengseln von Eukalyptusumen.
den Tälern ist der Bewuchs üppiger, dank der wuchernden ne und - in Wassernähe - der Binsen und des Röhrichts. r leben verschiedene Vogelarten, Beuteltiere (Känguruh, senwallaby), Ameisenigel und Fledermäuse.
höheren Bereichen, wo die Umgebung trockener ist, finden Schlangen, Eidechsen und andere Reptilien.

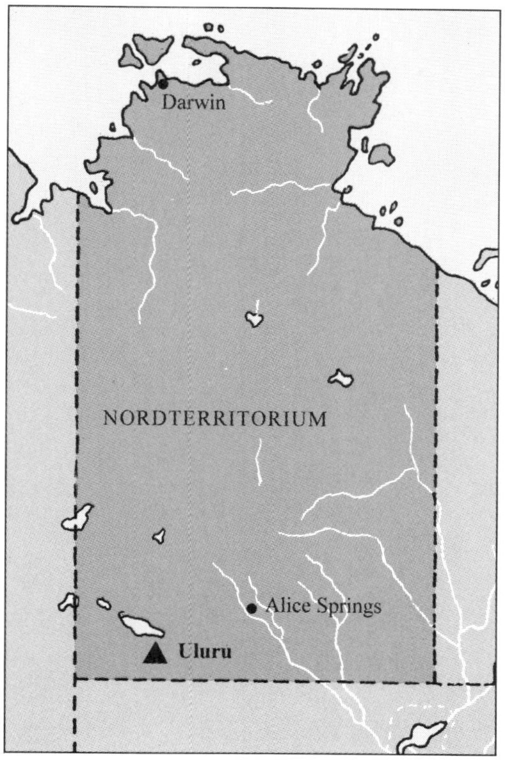

Nationalpark Uluru

Ein geschütztes Gebiet von 1325 km² in Zentralaustralien am südwestlichen Ende des Nordterritoriums. Der Park ist vom 450 km nordöstlich gelegenen Alice Springs über den Stewart Highway in ca. 6 Stunden mit den Bussen der Greyhound- und Ancett-Linien zu erreichen. Von Alice Springs gibt es täglich drei Flüge zum Park. Der Park steht den Besuchern das ganze Jahr über offen, die beste Zeit liegt allerdings aus klimatischen Gründen zwischen Juli und September. Die mittlere Temperatur im Januar, im Hochsommer, liegt in der Tat um 30 °C, in manchen Teilen werden jedoch Spitzenwerte von über 50 °C gemessen; dies ist auch die Jahreszeit mit den stärksten Sandstürmen. Im Juli hingegen zeigt das Thermometer einen mittleren Wert von 12 °C an. Die Niederschläge erreichen im Januar 27 mm, im Juli 14 mm. Dem Park steht ein Touristenzentrum zur Verfügung, das 1984 unmittelbar außerhalb der Grenzen gebaut wurde, als Ersatz für die zuvor im Innern des Parks existierenden Unterkünfte, die abgerissen werden mußten. Bis zur Mitte des vorigen Jahrhunderts wurde das im Norden von den Macdonnell Ranges abgeschlossene Territorium ausschließlich von den Aborigines bewohnt. 1871 wurden passierbare Übergänge durch die Gebirgskette gefunden, und seit dieser Zeit kamen die ersten Siedler, die sich - unterstützt von der Regierung - hier niederließen, um Landwirtschaft zu betreiben. Die Einwanderung führte im Lauf der Jahre zu erheblichen Veränderungen der Umwelt. Als Konsequenz änderte die Regierung nach dem Zweiten Weltkrieg ihre Haltung gegenüber der Besiedlung der Region und beschloß, hier einen Nationalpark zu gründen. Die Landschaft des Uluru präsentiert sich als ausgedehnte steppenartige Prärie, in der sich der Ayers Rock und der Mount Olga erheben, Orte, die den Aborigines seit alters her heilig sind. Diese beiden Erhebungen sind sehr charakteristisch; der 546 m über der Ebene (1069 m über Meereshöhe) hohe Mount Olga hat eine eigenartige Kuppelform, die von engen Tälern zerklüftet ist; der Ayers Rock, die eigentliche Attraktion des Parks, ragt wie ein Wachposten in der Wüste auf. Er ist der größte Monolith der Erde, mit einer Höhe von 348 m über der Ebene (867 m über Meereshöhe), einer Länge von 3 km und einer Breite von 2,5 km. Das Gestein zeigt die Besonderheit, im Lauf des Tages die Farbe zu ändern, die von lachsrosa in feuerrot übergeht. Die natürlichen Lebensrhythmen laufen in strenger Abhängigkeit von den klimatischen Veränderungen ab: Die hauptsächlich aus Eukalyptus bestehende Vegetation entwickelt sich ausschließlich im Schutz der Felsen, da sie so die höhere Feuchtigkeit ausnutzt.
Die Tiere des Parks, Känguruhs, Wildkatzen, Dingos und Füchse haben Nachtaktivität entwickelt und schlafen tagsüber zwischen Felsen und in Höhlen. Die einzigen Tagesaktiven sind Eidechsen und andere Reptilien.

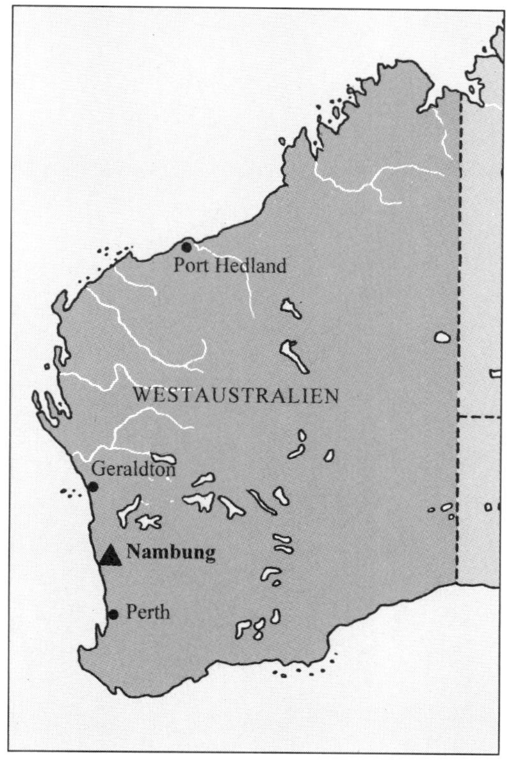

Nationalpark Nambung

Ein Park an der äußersten Westgrenze von Westaustralien; seine Fläche von 26 km² schlängelt sich die Küste des Indischen Ozeans entlang. Von Perth, der 200 km südlich gelegenen Hauptstadt des Staates, gelangt man über den Brand Highway zum Park; diese Strecke wird auch von den Touristenbussen Serventice befahren. Zwischen Perth und dem Nambung existiert sogar eine wenig frequentierte Bahnlinie. Das Gebiet zeichnet sich durch eine sehr hohe Durchschnittstemperatur aus, die im Januar 30 °C erreicht mit Spitzen von 45 °C und Minimalwerten nicht unter 18 °C; im Juli sinkt der Durchschnittswert auf 13 °C.
Die jährlichen Niederschlagsmengen belaufen sich auf ca. 875 mm; von November bis März fällt fast gar kein Regen. Der Park ist ganzjährig geöffnet, aber die günstigste Zeit für Besuche ist das Frühjahr. Diese Region ist in ihrem wilden Zustand belassen worden; es gibt in der Tat keinerlei Unterkünfte oder sonstige Einrichtungen. Den typischsten Aspekt des in weiten Teilen trockenen und felsigen Parks bilden Gruppen von Steinsäulen, die in der Wüste emporragen. Derartige Formationen haben eine sehr alte Entstehungsgeschichte: Im Lauf der Jahrhunderte haben sich die im Sand enthaltenen großen Mengen von Calciumcarbonat und Fossilien unter der Wirkung des Regenwassers um die Wurzeln der Pflanzen angesammelt und wurden von ihnen aufgenommen, bis es zu einem echten Versteinerungsprozeß kam.
Diese Naturobelisken ragen 2 m und mehr in die Höhe und erwecken in der Dämmerung, wenn sie eine goldene Färbung annehmen, das eigenartige Gefühl, sich zwischen den Ruinen antiker Tempel zu befinden.
Die Entdeckung dieser unglaublichen Landschaft liegt nur wenige Jahre zurück (1950) und verdankt sich dem Schriftsteller J. H. Turner. In der Folge verordnete die Regierung in der Absicht, den lokalen Tourismus zu entwickeln und gleichzeitig die Naturschätze zu bewahren, im Jahre 1968 die Einrichtung eines Nationalparks.
Die Felssäulen sind hauptsächlich in einer weiten Mulde in den Pinnacles konzentriert, wo sie vor dem starken ozeanischen Wind geschützt sind; weitere Besonderheiten des Parks sind die Sandhügel und die Grotten voller Stalaktiten. Die Küste, an der eine Straße verläuft, ist zum Baden sehr geeignet, da sie durch ein Korallenriff geschützt ist; außerdem bietet sie gute Möglichkeiten zum Fischfang.
Die Vegetation ist verständlicherweise dürftig und besteht vorwiegend aus alkaliresistenten Pflanzen und Eukalyptuswäldern. Sehr reizvoll ist im Frühjahr die vielfarbige Blüte der Kangaroo Poe, einer typischen australischen Blume.
Aufgrund des Wüstenklimas und des unwirtlichen Lebensraumes zählt auch die Fauna nur wenige Arten: Emus, Riesenkänguruhs, Riesenkammeidechsen und andere Reptilien.

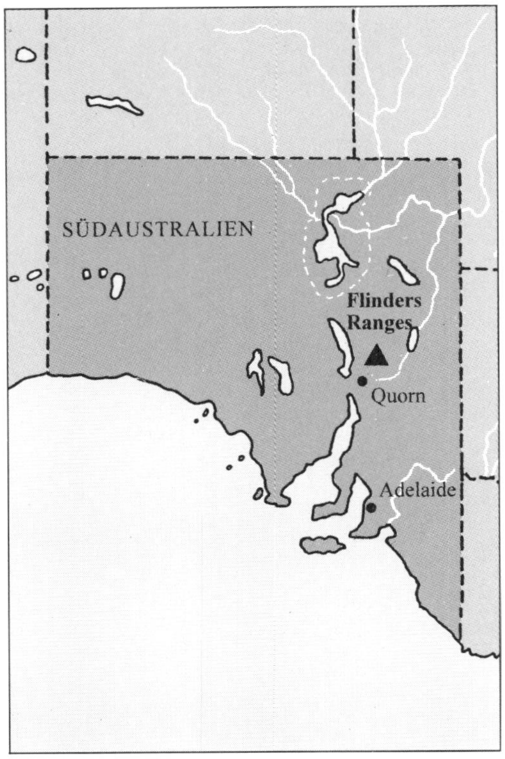

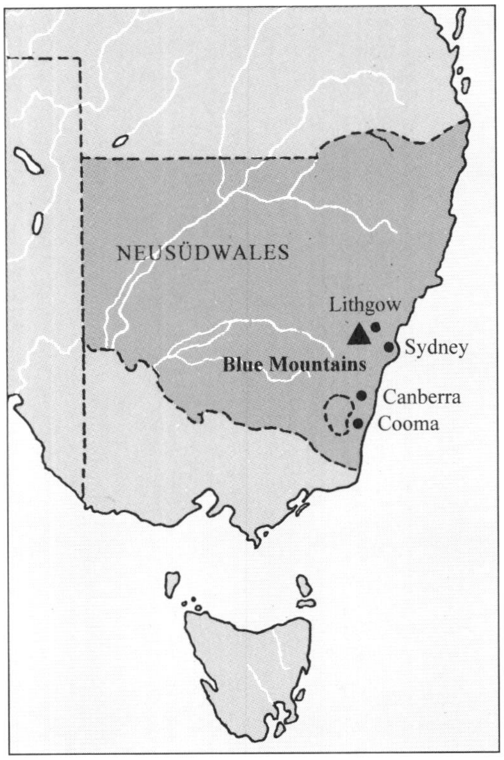

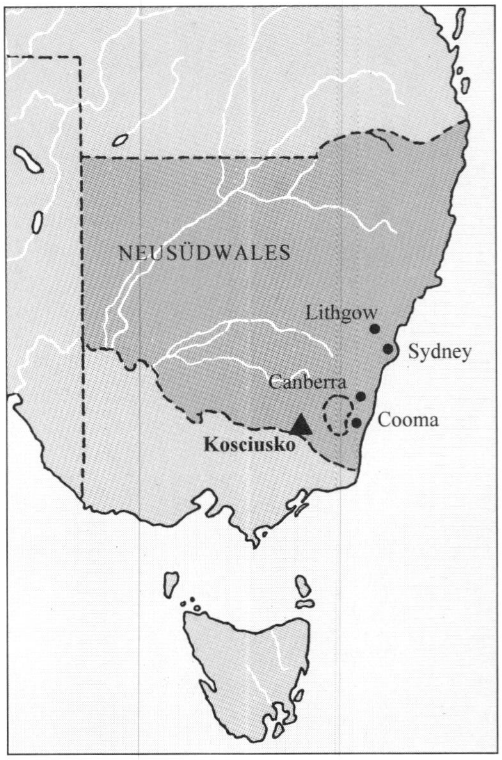

Nationalpark Flinders Ranges

Der Park mit einer Fläche von 803 km^2 liegt im östlichen Teil des Staates Südaustralien, 440 km nördlich von Adelaide, von wo aus er über den Princess Highway zu erreichen ist. Eine Flugverbindung besteht zwischen Adelaide und Hawker, das 35 km vom Südeingang entfernt liegt; von der Hauptstadt selbst fahren auch Busse, die in 7 Stunden in Wilpina, einem Ort im Innern des Parks, ankommen. Während der Touristensaison existiert sogar eine Bahnverbindung der S. L. Pichilichi Railways, die jedoch in Quorn, 120 km südlich des Parks, endet. Das Gebiet ist ganzjährig für Touristen geöffnet, aber der Sommer ist wegen der großen trockenen und staubigen Hitze wenig für Besuche geeignet. In dieser Jahreszeit liegen die mittleren Temperaturen zwischen 18 und 31 °C, während sie im Winter auf Werte zwischen 8 und 18 °C absinken.
Die Jahresniederschläge betragen ca. 216 mm und sind unregelmäßig über das ganze Jahr verteilt. Die Aufnahmemöglichkeit für Touristen besteht aus Campingplätzen und einem Hotel.
Die Region war ursprünglich von Aborigines bewohnt, und erst um die Mitte des vorigen Jahrhunderts begann ein Zustrom von Weißen, die Schafzucht und Kupferabbau betrieben und sehr bald mit der örtlichen Bevölkerung in Konflikt kamen, wobei sie diese nahezu auslöschten. Zwischen 1864 und 1866 verließen die Siedler das Gebiet wegen einer langanhaltenden Dürre. 1870 gab es eine erneute Einwanderung von Europäern, die - ermutigt durch die Fruchtbarkeit des Bodens und günstige Regenfälle - der Landwirtschaft einen großen Auftrieb gaben. Eine neuerliche Dürreperiode, auf die eine große Überschwemmung folgte, zwang die Siedler erneut zur Abwanderung. 1970 wurde die Gründung des Nationalparks beschlossen. Das Territorium des Schutzgebiets erstreckt sich nahezu ausschließlich über die Kette der Flinders Range, deren Namen es trägt; charakteristisch für die Landschaft sind die rot-violetten Färbungen der Felsen, das Grün der Eukalyptuswälder und der Prärien, das tiefe Blau der zahlreich fließenden Bäche; dies macht sie zum bevorzugten Ziel für Landschaftsmaler und Photographen. Ein Ort von ganz besonderer Schönheit ist Wilpina Pound, ein oval geformtes Synklinalbecken mit einer Breite von 18 km und einer Länge von 8 km, das aus übereinandergelagerten Quarzitschichten besteht und von den Aborigines als heiliger Ort betrachtet wird. Die Zypressen sind aufgrund der Abholzungen, die die Siedler vorgenommen haben, heute nur noch sehr selten, ebenso die Eukalyptusbäume, von denen nur eine endemische Art überlebt hat, die heute den größten Teil des Gebiets wieder bedeckt.
Dasselbe Phänomen hat die Fauna betroffen; tatsächlich gibt es viele verwilderte Ziegen und Esel zusammen mit den ursprünglich dort lebenden Füchsen, Dingos und Hasen; in der Prärie dieses Parks, und nur hier, lebt das rote Känguruh.

Nationalpark Blue Mountains

Im zentralöstlichen Teil von Neusüdwales erstreckt sich, nur 100 km von Sydney entfernt, auf 2470 km^2 der Park der Blue Mountains. Aufgrund seiner geringen Entfernung zu der großen australischen Stadt ist es möglich, ihn in 40 Autominuten über den bequemen Great Western Highway zu erreichen; außerdem wird er regelmäßig und häufig von Touristenbussen und Zügen angefahren (ca. 2 Stunden). Wegen der guten Zugangsmöglichkeiten hat das Gebiet einen starken touristischen Aufschwung erlebt und ist zu einem der bestausgestatteten Parks der Nation geworden. Durch das Jamison Valley fährt nun eine Panorama-Eisenbahn, die in Lithgow, einer Stadt am Fuß der Berge, endet. In den niederen Lagen des Parks verzeichnet das Thermometer im Januar ein Maximum von 28 und ein Minimum von 11 °C, im Juli ein Maximum von 8 und ein Minimum von 2 °C; die Durchschnittswerte der Niederschläge betragen in diesen beiden Monaten 122 bzw. 70 mm. 1788 entstand hier die erste australische Strafkolonie. Die erste Expedition mit dem Ziel der Erforschung der Blue Mountains wurde 1813 durchgeführt, und zwei Jahre später wurde eine 160 km lange Straße durch diese Berge gebaut. Mit Eröffnung der Eisenbahnlinie und dem massiven Zustrom von Schürfern wurden 1869 große Lagerstätten von Gold, Eisenerz und Kohle gefunden. Heute werden die Thermalquellen des Ortes genutzt, und es sind Luftkur- und Therapieanstalten eröffnet worden.
Die heutige Gestalt des Territoriums ist das Ergebnis einer Jahrtausende währenden Erosionseinwirkung auf eine einst existierende Sandsteinhochebene, die heute von einem ständig wachsenden Netz von Tälern zerklüftet wird; nach Berechnungen wird dieses Erosionsphänomen in ferner Zukunft das Gebiet zu einer Ebene machen.
Die auf diese Weise entstandenen Felswände haben besonders schroffe Formen, mit senkrecht in tiefe Täler abstürzenden Hängen; hierunter ist besonders das Jamison Valley zu erwähnen, das von regelrechten, 700 m hohen Felsmauern umschlossen ist. Sehr interessant ist auch das Gross Valley, ein Tal aus rosa Sandstein, in dem zahlreiche Wasserfälle herabstürzen, deren berühmtester Gobbett Lips genannt wird; eine echte Sehenswürdigkeit ist schließlich eine natürlich entstandene Skulptur mit der Bezeichnung Three Sisters: drei von der Erosion modellierte Sandsteinsäulen.
Die Vegetation variiert nach der Wachstumszone, von dichten Riesenfarnen zu Moosen und Sumpfpflanzen; einen großen Teil des Territoriums bedecken Eukalyptuswälder, die mit ihrem bläulichen Schimmer den Bergen, auf denen sie wachsen, den Namen gegeben haben. Die Fauna umfaßt nur wenige Säugetierarten, hauptsächlich Koalas, Wallabys und Känguruhs, außerdem viele Vogelarten, darunter Papageien und den Pfau der Blue Mountains.

Nationalpark Kosciusko

Er ist eines der bekanntesten Schutzgebiete Australiens; seine Fläche von 5316 km^2 nimmt einen guten Teil der südlichen Bergmassive des Great Dividing Range im Südosten von Neusüdwales ein.
Der Park ist 210 km von Canberra, der nationalen Hauptstadt entfernt, mit der er über den Monaro Highway und durch einen effizienten Busverkehr verbunden ist. Außerdem garantieren die Flüge der New South Wales Airways und die Eisenbahnlinie Canberra Monaro Express eine bequeme Verbindung zwischen Sydney (420 km nördlich) und Cooma, dem Haupteingang des Kosciusko. Man kann den Park zu jeder Jahreszeit besuchen; seine internen touristischen Einrichtungen und Sportanlagen umfassen außer verschiedenen Wintersportorten auch Golf- und Tennisplätze. Die mittleren Temperaturmessungen in Cooma verzeichnen für Januar ein Maximum von 25 und ein Minimum von 10 °C, im Juli ein Maximum von 9 und ein Minimum von 1 °C. Die Durchschnittsmenge der Niederschläge ist ziemlich reichlich und beträgt für Januar ca. 50 mm, während sie im Juli au 20/25 mm abnimmt.
Die Besiedlung dieser Region begann vor relativ kurzer Zeit die ersten Straßen wurden tatsächlich erst nach 1860 eröffnet Bald darauf wurde augenfällig, daß das Hauptgut der Gegen in ihrem Wasserreichtum besteht, und 1949 wurde ein Pla verabschiedet, der zur Urbarmachung eines 5000 km^2 große Areals führte sowie zum Bau eines Wasserkraftwerks m einer Stromerzeugung von 5 Millionen Kilowatt, das geger wärtig das größte in Australien ist.
Der Park umfaßt einen Teil der Snowy Mountains, einer nic sonderlich hohen Bergkette mit wenigen Gipfeln um 2000 m die jedoch in Anbetracht der geringen durchschnittliche Höhenlage des Landes (600 m) den Namen Australisc Alpen verdient. Der höchste Berg ist der Kosciusko (2223 m nach dem der Park benannt worden ist; die Westwand dies Berges stürzt mit einem Höhenunterschied von 1700 m sen recht auf ein tiefes Tal ab, dessen wundervolles Panorama v der auf den Gipfel führenden Seilbahn aus bewundert werd kann.
Im nördlichen Teil des Parks gibt es etwa 60 Grotten m herrlichen Stalaktiten; in der Nähe liegen viele 27 °C warr Thermalquellen, die zum Baden sehr geeignet sind. In d Tälern bis zu einer Höhe von 900 m besteht die Vegetati aus Riesenfarnen, weiter oben breiten sich Eukalyptuswäl und eine subalpine Flora aus; eigenartig ist, daß trotz der Hö und der klimatischen Verhältnisse Nadelhölzer auf d Kosciusko fehlen.
Zur Fauna zählen interessante Beuteltierarten wie der Nac nasenwombat, das Opossum und das graue Riesenkängur zu erwähnen sind auch das Schnabeltier, der Schnabeligel u zahlreiche Vögel, darunter Emu und Leierschwanz.

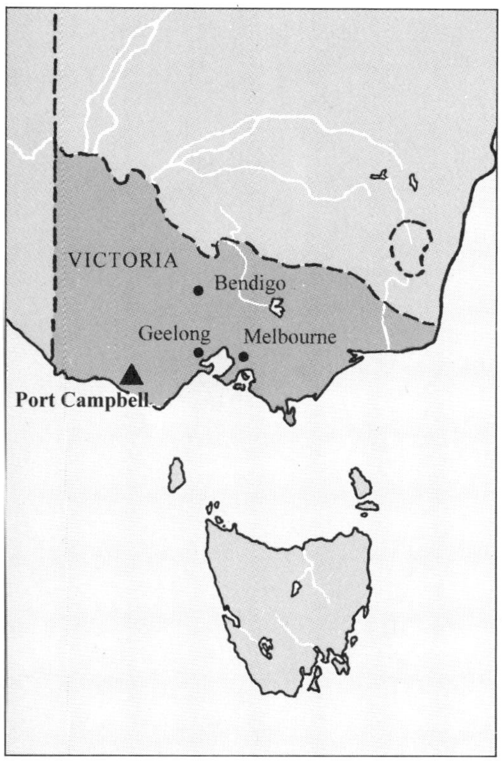

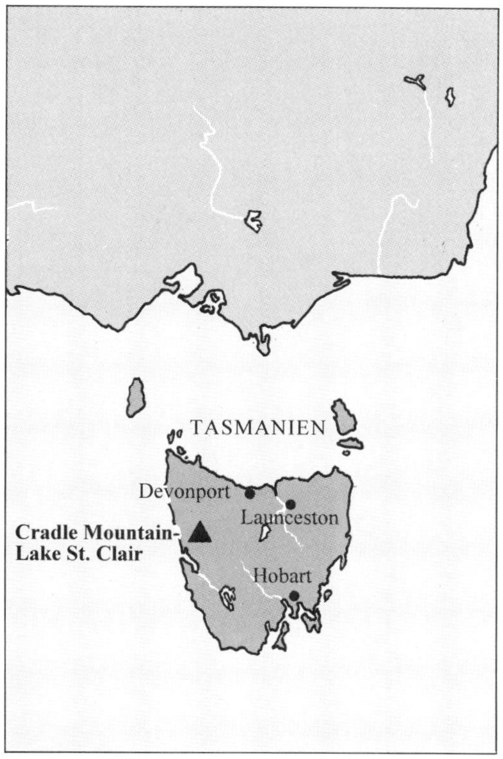

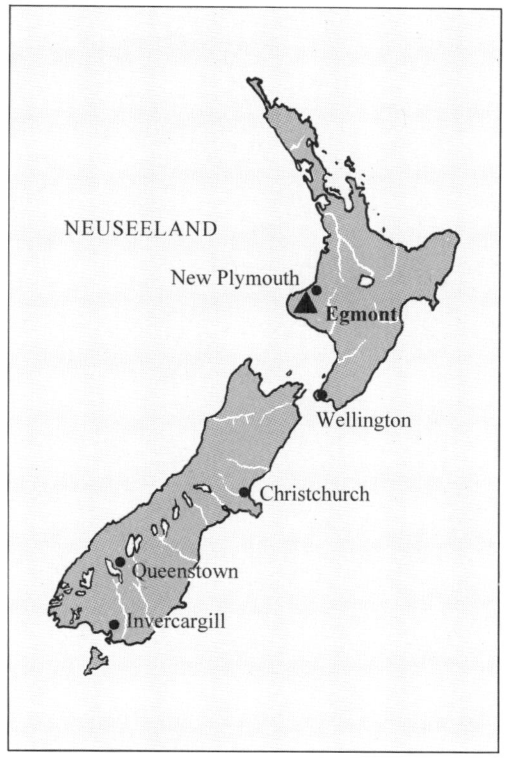

Nationalpark Port Campbell

Dies ist ein Park von einzigartiger Gestalt, der sich über 32 km entlang der Westküste des Staates Victoria in Südostaustralien zieht. Er erstreckt sich über ein Gesamtgebiet von nur 17,5 km², und in seinem Innern liegt die Küstenstadt Port Campbell an einem rauhen Meer voller Klippen. Zwischen dem Nationalpark und der Landeshauptstadt Melbourne verläuft die 290 km lange Great Ocean Road; von dieser Stadt fahren auch Züge innerhalb von 2 Stunden in die Nähe des Parks, nach Camperdown.
Es gibt außerdem Busfahrten mit Führung in das Gebiet. Den Besuchern steht eine gute Anzahl von Hotelunterkünften oder Campingplätzen in Port Campbell und Umgebung zur Verfügung.
Die beste Zeit für Besuche liegt zwischen Sommer und Herbst, denen bei uns Winter und Frühjahr entsprechen; in dieser Zeit schwankt die Temperatur zwischen 20 und 25 °C. Im kältesten Monat, im Juli, sinkt sie auf 9,5 bis 14 °C. Die jährliche Niederschlagsmenge liegt bei 690 mm. Der Park schlängelt sich entlang einer Küste, die senkrecht auf ein ständig aufgewühltes, von Klippen übersätes Meer abstürzt. Diese Beschaffenheit hat der Küste in der Vergangenheit den Namen "Schiffsfriedhof" eingebracht; tatsächlich versanken dort zwischen 1855 und 1908 nicht weniger als 30 große Schiffe.
Die einzige, auf kleinere Schiffe beschränkte Landestelle war die Bucht von Port Campbell, die deshalb seit den Anfängen des 19. Jahrhunderts von Wal- und Robbenfängern aufgesucht wurde; von einem von ihnen, von Kapitän Campbell, stammt der Name des Ortes. Ab 1870 begannen Gruppen von Bauern sich dort fest anzusiedeln, aber die Gegend wurde nie von mehr als 150 Personen bewohnt. 1964 wurde die Region formell zum Nationalpark erklärt.
Das Hauptcharakteristikum des Territoriums bilden die sonderbaren Formen, die die Erosionskräfte von Meer und Wind aus den Felsen des Hochplateaus und der Klippen herausmodelliert haben.
Derartige Bauwerke der Natur haben die Phantasie der Bevölkerung angeregt, pittoreske Namen für sie zu prägen: London Bridge, Brillenfels, Island Arch. 15 km vor Port Campbell auf offener See, ragt ein weiteres Felsmassiv fast 100 m hoch aus dem Wasser, das "die 12 Apostel" genannt wird. Bei Sonnenuntergang, wenn diese Skulpturen der Natur sich schwarz färben, nimmt die Landschaft ein besonders eigenartiges Aussehen an. Die dürftige Vegetation besteht vorwiegend aus strauchartigen Gewächsen. Aufgrund der felsigen Beschaffenheit des Terrains gibt es hier hauptsächlich Seevögel, die in den Felswänden und Klippen ein ideales Habitat für das Leben in großen Kolonien vorfinden. Zu erwähnen ist vor allem der Zwergpinguin, eine sehr seltene Art, die an für Besucher verbotenen Stränden nistet.

Nationalpark Cradle Mountain-Lake St. Clair

Ein Park von 1319 km² im Westteil der Insel Tasmanien, 170 km nördlich von Hobart gelegen, von wo aus eine Autobahn zu ihm führt. Auch vom 85 km nördlich gelegenen Devonport kann man über eine lokale, auf den letzten 30 km nicht asphaltierten Straße dorthin gelangen. Während der Touristensaison wird das Gebiet durch Linienbusse versorgt, die von Devonport und von Launceston abfahren. Obwohl der Park ganzjährig geöffnet ist, wird er fast ausschließlich zwischen November und April aufgesucht, wenn das Klima milder und stabiler ist. In den übrigen Monaten, die sich durch strenge Temperaturen und zahlreiche Schneefälle auszeichnen, werden nur einige Orte von Wintersportlern besucht. Der Park ist für Touristen gut ausgestattet, einschließlich eines speziellen Touristenbüros, wo es die Möglichkeit gibt, Boote für Ausflüge auf die zahlreichen wunderschönen Seen zu mieten. Die Gegend war lange Zeit fast unbekannt, und der erste Weiße, der sich dort 1826 ansiedelte, war ein dänischer Ex-Zuchthäusler; diesem einzelnen Beispiel folgte etwa ein Jahrhundert später der Wissenschaftler G. Weindorfer, der von der wilden und einzigartigen Natur dieser Region angezogen wurde, und dies eröffnete den Weg für die folgende Einwanderung von Siedlern. Die Entwicklung führte zu einer schnellen Zerstörung der Umwelt; bereits 1922 wurde es notwendig, das Gebiet durch spezifische Gesetze zu schützen, und 1947 erreichte man schließlich die Gründung des Nationalparks.
Die Grenzen umschließen ein im wesentlichen gebirgiges Territorium, vor allem drei der höchsten Gipfel der Insel: den Ossa im Zentrum, mit seinen 1617 m das Dach Tasmaniens; den Barn Bluff mit 1559 m, auf dem sich der einzige Gletscher des Gebiets ausdehnt; und den 1545 m hohen Cradle, dessen Name von der eigenartigen, durch eiszeitliche Verschiebungen bewirkten Wiegenform herrührt. Im südlichen Teil des Parks erheben sich unglaubliche Basaltsäulen mit senkrechten, rechteckigen Wänden. Die Landschaft ist zudem von zahlreichen Seen übersät, darunter vor allem der St. Clair, der wegen seiner Naturschönheit berühmt ist, aber auch als kostbare Reserve für Wasserkraftwerke genutzt wird. Ein großer Teil des Schutzgebiets ist von weiten Laubwäldern bedeckt, in denen unter anderem auch viele Exemplare der antarktischen Buche wachsen; ein Baum, der im Unterschied zu den anderen seiner Familie das Laub nicht abwirft. Die Vegetation an den Hängen unterhalb der Schneefelder besteht außerdem aus Nadelhölzern wie der seltenen *Billy King Kiefer* und der *Celery Kiefer* und aus der Schraubenpalme, einer Art, die sich trotz ihrer Ähnlichkeit mit der tropischen Palme hervorragend an das rauhe Klima angepaßt hat. Auch zur Fauna zählen einige Raritäten wie das Schnabeltier, der Schnabeligel, der tasmanische Fuchs und der berühmte Beutelteufel.

Nationalpark Egmont

Der Park liegt im westlichen Vorgebirge der Nordinsel von Neuseeland; seine Fläche von 320 km² wird vor allem durch den 2518 m hohen Vulkan Egmont geprägt. Vom 25 km nördlich gelegenen New Plymouth führt die Egmont Road direkt zum Eingang North Egmont Chalet; in dieser nahegelegenen Stadt enden die Flugverbindungen von der Hauptstadt Wellington und von Auckland (1 Stunde) und die aus Wellington kommenden Züge (7 Stunden).
Das Gebiet ist das ganze Jahr über geöffnet, aber Touren ins Hochgebirge sind nur in den wärmsten Monaten gestattet.
Die Touristen können eine ganze Anzahl von Hotels und Schutzhütten nutzen, die am Fuß der Berge liegen. Im Januar, dem wärmsten Monat des Jahres, reichen die Temperaturen vom Minimalwert 1 °C bis zum Maximum von 26 °C, während die entsprechenden niedrigen Temperaturen im Juli zwischen -5 und 13 °C liegen.
Im Durchschnitt betragen die jährlichen Niederschläge 6351 mm; der regnerischste Monat ist der April, am trockensten ist es im November.
Das Territorium des Parks konzentriert sich auf den Egmont und zwei kleinere benachbarte Vulkane, den Pouakai (1399 m) und den Kaitake (684 m).
Die Vulkantätigkeit dieser Bergmassive liegt sehr weit zurück; für den Kaitake sogar 580.000 Jahre.
Der Name Egmont wurde dem Berg 1770 von James Cook zu Ehren des Ministers der englischen Kriegsmarine gegeben. Fünf Jahre danach verzeichnete man den letzten Ausbruch dieses Vulkans.
Eine erste touristische Entwicklung erfolgte 1860 nach der Eröffnung eines Fußweges, der von New Plymouth dorthin führte; dies zog eine immer größer werdende Zahl von Besuchern an und beunruhigte die Naturschützer, die 1881 eine Bewegung zum Schutz des Niederwaldes gründeten und die Einrichtung eines Schutzgebiets von 293 km² erreichten. 1900 wurde das Areal gleichzeitig mit der Angliederung des Kaitake zum Nationalpark erklärt.
Heute ist er das Ziel vieler Bergsteiger, Trekking-Begeisterter und Skifahrer; durch den Park schlängeln sich ca. 300 km Wanderwege und eine Panoramastraße, die um den Egmont führt. Durch das Gebiet fließen zahlreiche Wasserläufe, die kleine Wasserfälle und einen See bilden.
Die Vegetation unterscheidet sich von der im übrigen Land (es fehlen z.B. die typischen Buchen); bis in Höhen von 900 m finden sich ausgedehnte Laubwälder, deren Bäume häufig über 50 m hoch werden und die in größerer Höhe Nadelhölzern Platz machen; über 1600 m finden sich schließlich Blumenwiesen und Hochgebirgspflanzen.
Als Hauptvertreter der Fauna sind zu nennen: der Kiwi und der neuseeländische Kauz und - in Höhen über 1700 m - Lerchen, Wiesenstelzen und Kuckucke.

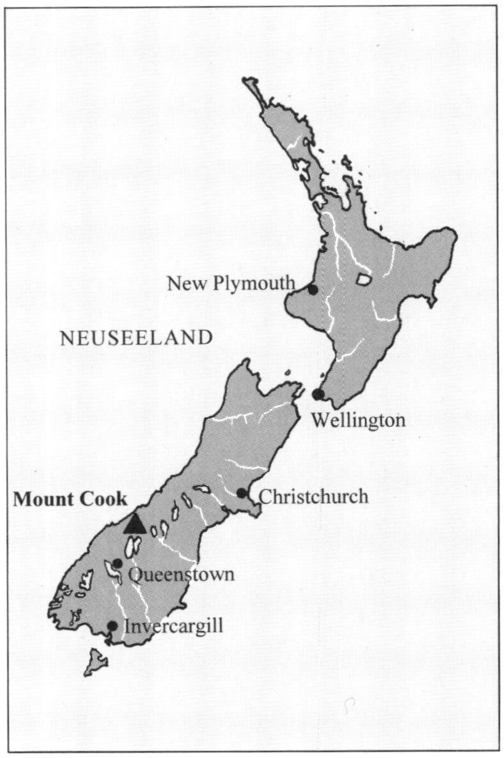

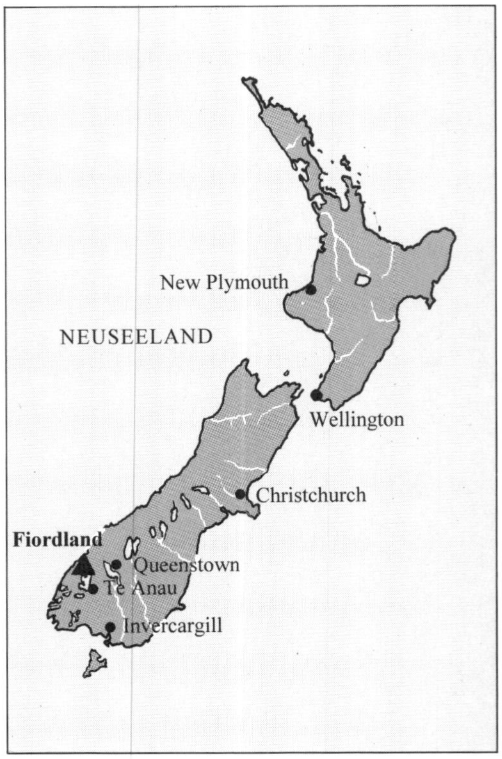

Nationalpark Mount Cook

Im Zentrum der Southern Alps, auf der Südinsel von Neuseeland, erstreckt sich das Schutzgebiet auf 944 km² um den gleichnamigen Berg Cook (3764 m). Der Park befindet sich 330 km östlich von Christchurch und ist mit dieser Stadt durch die Regionalstraße Nr. 80 verbunden. Das Gebiet ist überdies mit regelmäßigen Bussen (6 Stunden) bequem zu erreichen, ebenso mit den Flügen der Mount Cook Airlines, die von Christchurch und von Queenstown starten (die Flüge dauern 50 bzw. 40 Minuten). Der Park ist ganzjährig geöffnet und wird in der kalten Jahreszeit (Juli-Oktober) hauptsächlich von zahlreichen Skifahrern besucht; die touristischen Einrichtungen sind gut und umfassen Hotels, Campingplätze, Jugendherbergen und 15 Schutzhütten im Hochgebirge. Im Städtchen Mount Cook gibt es außerdem ein effizientes Informationszentrum. Die lokale Temperatur macht beachtliche Sprünge, die sich innerhalb von 24 Stunden bemerkbar machen; beispielsweise verzeichnet man in der Gegend der Ortschaft Mount Cook Schwankungen von 30 bis -10 °C. Die reichlichen Jahresniederschläge liegen im Mittel bei 4000 mm, aber in einigen Teilen erreichen sie häufig 7500 mm. Die Region wurde in Europa im 18. Jahrhundert, nach den geographischen Entdeckungen von James Cook bekannt; bereits zu dieser Zeit war sie von Maoristämmen bewohnt, die im 14. Jahrhundert auf der Insel gelandet waren. Die Regierung von Neuseeland hat seit 1885 den Schutz dieses Gebiets angeordnet; mit den nachfolgenden territorialen Erweiterungen von 1887, 1917 und 1927 erreichte die Fläche die jetzigen Abmessungen und wurde 1953 zum Nationalpark erklärt.

Der Park im Herzen der Neuseeländischen Alpen zeigt eine sehr gebirgige Landschaft, in der 22 der 27 über 3050 m hohen Gipfel des gesamten Landes liegen. Besonders eindrucksvoll sind die zahlreichen Gletscher, die die Höhenlagen beherrschen, vor allem der gewaltige Tasman: 3 km breit und 27 km lang, besteht er auf der Hälfte seiner Ausdehnung aus einer 600 m dicken Eisschicht und fließt mit einer Geschwindigkeit von 30/40 cm pro Tag zu Tal. Der Tasman ist - abgesehen von den Polarzonen - der größte irdische Gletscher. Das Territorium umfaßt außerdem wunderschöne Seen, wie den Tekapo und den Pukaki, die auch für den Fischreichtum ihrer Gewässer berühmt sind. In dieser rauhen Umwelt dominieren die Hochgebirgswiesen mit ihren Blütenpflanzen, wie die *Mount Cook Lily*, eine dem europäischen Edelweiß ähnliche Art. In den Tälern von mäßiger Höhe finden sich Prärien, die mit Büschen und herrlichen Buchenwäldern durchsetzt sind. Die örtliche Fauna zählt 40 Vogelarten, unter den dort ursprünglichen Arten der Kea; außerdem viele Pflanzenfresser, vor allem Nager und Hirsche, die aufgrund des Fehlens von Fleischfressern zur Zeit Probleme für das natürliche Gleichgewicht aufwerfen.

Nationalpark Fiordland

Der Fiordland Park ist mit seinen 10.232 km² das größte Schutzgebiet Neuseelands und liegt im äußersten Südwesten der Südinsel, zwischen dem Tasman-Meer und den Neuseeländischen Alpen.

Der Haupteingang bei Te Anau ist auch mit regulären Bussen, sowohl aus Queenstown im Nordosten als auch von Invercargill im Südosten über die Staatsstraße 6 bis Lumsden und weiter über die Regionalstraße 94 zu erreichen. Am Flughafen von Te Anau landen auch Flugzeuge der Mount Cook Airlines von Queenstown (30 Minuten) und von Christchurch (2 Stunden).

Das Schutzgebiet steht das ganze Jahr offen für Besucher, die organisierte Bustouren machen, während Wandertouren nur in der warmen Jahreszeit möglich sind. Es gibt außerdem einige, von der seltensten Fauna bewohnte Areale im Park, die ausschließlich mit einer speziellen Erlaubnis betreten werden dürfen.

Die nötigen touristischen Einrichtungen sind auf Te Anau und die unmittelbare Umgebung konzentriert, damit der besonderen Ökologie der Gegend kein allzu großer Schaden zugefügt wird.

Das Klima ist sehr feucht mit durchschnittlichen Jahres niederschlägen von 6236 mm, die jedoch örtlich sehr unter schiedlich ausfallen; im Januar schwankt die Temperatu zwischen einem Minimum von 10,3 und einem Maximur von 18,5 °C, im Juli zwischen 1,5 und 9,3 °C. Kapitän Coo sichtete während seiner ersten Expedition von 1770 die Küst von Fiordland, er landete dort jedoch erst drei Jahre später.

Diesem Ereignis folgten weitere Forschungsexpeditionen un ein großer Zustrom von Siedlern und Jägern, die in kurzer Ze das uralte lokale Ökosystem erschütterten. Gegen Ende de 19. Jahrhunderts kamen auch Goldsucher in das Gebiet, ur dies gab den letzten Anstoß zur Gründung des Nationalpark die 1904 erfolgte.

Die Landschaft zeigt Formen einer eindeutig eiszeitliche Entstehung; tiefe Täler zwischen steilen Bergen, zahlreich Seen, kurze Wildwasserläufe und Küstenfjorde, die in üb 300 m tiefen Unterwassertälern auslaufen. Besonders bekan ist der Milford Sound, der vom 1500 m hohen Gipfel bis zu Meeresgrund fast 2000 m mißt.

Das Territorium ist weithin mit Laubwäldern und Graslar bedeckt. Von höchstem Interesse ist die endemische Faun Vertreter einer jahrhundertelang isolierten Entwicklung sir etwa zwei Varietäten von Fledermäusen, außergewöhnlic Vogelarten, wie der Takahe, eine große flugunfähige Ral der Kea, der Kakapo, ein nachtaktiver, nicht fliegender Pap gei und der Kiwi, das berühmte Nationalsymbol.

Entlang der Küste und im küstennahen Meer leben außerde Victoriapinguine, südamerikanische Ohrenrobben und De phinherden.

Bildnachweis

AAA PHOTOS/G.Boutin 162-163; AF PHOTOGRAPHIC LIBRARY 215, 220; AGENCE HOA-QUI/X. Richer 138; APA PHOTO AGENCY / Kal Muller 178-179; ARCHIVIO ICONOGRAFICO, SA/T. Alberto 134, 135 unten; Ray Atkeson 40-41, 58-59; ATLAS-PHOTO/Von den Becke 140 unten; AUSCAPE INTERNATIONAL/-Gunter Deichmann 211 oben; AUS CHROMES 202, 203, 204; AUSTRALIAN PICTURE LIBRARY 205, 211 unten, 214 unten; Anthony Bannister 169 oben; BAVARIA VERLAG/Nägele 109 oben; J. Blank 46-47; R. Bonge 94-95; J. ALLAN CASH LIMITED 151; Mike Chuang 194-195; Bruce Coleman/Jen & Des Bartlett 180; Bruce Coleman Ltd./ Erwin & Peggy Bauer 148-149; Bruce Coleman Ltd/ Hans Reinhard 143; Ed Cooper 29, 34-35, 36, 37, 39, 42, 44, 45, 50, 51, 52-53, 54-55, 55, 56-57, 60, 61 unten; Gerald Cubitt 150, 167; FPG/Ann & Myron Sutton 64; Hiroki Fujita 173, 174-175; Manfred Gottschalk 82-83, 93; Dennis Hallinan 43, 61 oben; Hiroshi Higuchi 120 oben, 121, 122-123, 124-125, 126-127; Kai Honkanen 135 oben, 142; HORIZON/Trevern Dawes 214 oben; HORIZON/Heidi Ecker 216-217; Sven Hörnell 100, 101, 102-103; IMAGES Colour Library 108; INCAFO/J.Y. Blassi 89, 90-91; INCAFO/J. Blassi 130-131, 200-201; INCAFO/ Juan A. Fernandez 84-85, 128-129; INCAFO/Juan Hidalgo 132-133; Mitsuaki Iwago, 159; Pisit Jiropas 176, 177; Hubertus Kanus 74-75; Takashi Katahira 78-79, 86-87; Toshinao Kikuchi 198-199; Shuji Kondo 88; Peter Klaes 111; Helga Lade-Eicke 146 oben; Franz Lazi 62, 63; LUONNONKUVA-ARKISTO/ Esko Pitkänen 97, 98-99; Mauritius/P. Balzat 96; Mauritius/M. Dolder 76 unten; Mauritius/Messerschmidt 117; Mauritius/S. Pölking 76 oben; Mauritius/Dr. Pott 164-165; Mauritius/W. Thamm 139, 141; Loren Mcintyre 68-69, 70-71, 72-73, 80-81; Thomas Nebbia 152-153, 160-161; Hidekazu Nishihata 183; Kazuyoshi Nomachi 136-137; Norimitsu Okuda 120 unten; OXFORD SCIENTIFIC FILMS/David Thompson 158 oben; PHOTO BANK 184; Pictor International 106-107; K.G. Preston-Mafham 169 unten; Giorgio Ricatto 168; Marco Schneiders 32-33, 116; Toni Schneiders 114-115; Shiro Shirahata 181, 182, 185, 186-187; Robin Smith 206-207, 208-209, 218-219; Tony Stone 104-105, 109 unten, 110, 113 oben, 144-145, 156-157; Lin Tefu 196, 197; THE PHOTO LIBRARY 210, 212-213, 221 unten, 222-223; Ron Thomas 48-49; Manfred Thonig 112 unten; Weldon Trannies 221 oben rechts und links; Ryohei Uchida 158 unten; Karl Weidmann 65, 66-67; WWF/Nancy Nash 193; WWF/GEO/Timm Rautert 192; Juichi Yamagiwa 140 oben; Akinobu Yanagi 38; Motonori Yoneda 92; Noriyuki Yoshida 30-31, 224-225, ZEFA/Rosenfeld 112; 226-227; ZEFA/Damm 118-119; ZEFA/Zingel Eichhorn 166; ZEFA/Hummel 155; ZEFA/K. Kerth 113 unten; Günter Ziesler 77, 146 unten, 147, 154, 170-171, 172.